超能金小弟

❺ DNA追緝令

前情提要

　　某天，無意間撿到一顆小隕石的金多智擁有了超能力，只要學會科學知識，超能力就會降臨到他身上。多智運用超能力，變身為紅衣超人，協助警察抓住銀行搶匪，但是不知道為什麼，他竟然變成了搶匪的模樣！

我叫金多智，就讀冷泉國小四年級。

我的夢想是成為超級英雄！

這顆小隕石賜給我神奇的超能力，

我變身成紅衣超人，抓住了銀行搶匪。

因為變成搶匪的模樣而被關進監獄的多智，仍然不放棄希望，繼續認真學習發動超能力所需要的科學知識。最後，他成功變身成一隻可以擬態的神奇章魚，並順利逃出監獄。離開監獄後，雖然多智竭盡所能想讓自己恢復成原本的模樣，但是……

我的外表變成銀行搶匪了！為什麼？

歷經千辛萬苦，我終於用超能力逃出監獄。

我是聰明的莫古爺爺，讓我來幫你吧！

我是哈利。

ㄅㄅㄅㄅ！我才是金多智！

想哭！

你為什麼要冒充我？

讓自己成為 活用科學的人！

　　各位小朋友，你是否有過這些疑問——「為什麼要學這個？」、「這個知識在日常生活中派得上用場嗎？」

　　本書主角金多智也有相同的疑問，他是個好奇心旺盛的小男孩，每天都向爸爸、媽媽和老師提出各式各樣的問題。從多智提出的問題中，我們可以看到現代教育經常面臨的批評——學校總是教一些無法運用在現實生活中的知識。

　　在本書中，多智經常對生活中大大小小的事情提出疑問，例如燈泡裡的鎢絲為什麼用久了會燒掉？電池如何儲存和釋放電力？透過提出問題與尋找答案，讓多智學到應用在日常生活中的科學原理，這段過程稱為「創意的科學教育」。這種學習方式不僅跳脫制式的教育框架，同時融合了科技、工程等領域的知識，進而可能激發出嶄新的創意。

如今全球各領域都朝向「多元融合」發展，像是智慧型手機、平板電腦等產品，均結合了工程、科學等方面的技術，可說是「融合」的代表性產物，也讓我們的社會和生活有了極大的改變。

世界各國的教育也逐漸朝「多元融合」的目標發展，以臺灣近年興起的「跨學科教育（STEAM）」為例，即是結合科學（Science）、科技（Technology）、工程（Engineering）、藝術（Arts）和數學（Mathematics），不僅培養學生具備全方位的思考力，還能啟發創意性的問題解決力。以往的教育方式讓學生有如待在庭院裡的草地上學習，跨學科教育則是結合多個領域的知識，讓學生彷彿身處於廣闊的森林中探索，開闊視野、增廣見聞，得以不斷增進自己的能力。

如果想讓自己成為能活用科學，而不是被科學束縛的人，可以仿效本書主角金多智，對生活中的大小事都抱持好奇心。也許這樣你就能發現，科學不是寫在課本或考卷上的死板科目，而是與生活密不可分的趣味知識。希望大家都能成為充滿觀察力和想像力的人！

徐志源

奇怪的馬拉松選手

「大家好，我是總統嚴志書。最近發生多起銀行搶案，都出自搶匪李金道之手。在善良民眾的協助下，警察曾經一度抓住他，但是這名狡猾的嫌犯竟然一再越獄。」

　街上每個人都停下腳步，專注看著大樓電視牆上播放的新聞。

　「我以總統的名義發誓，一定會將犯人繩之以法。警察已經布下天羅地網，並懸賞10億元，請各位如果有任何線索，務必與警方聯絡。」

　站在離大樓電視牆遠遠的我，雖然從這個距離看不清楚10億元到底有幾個零，不過可以肯定的是，這是一筆非常高額的懸賞金。

　我從小就希望有一天可以見到總統，現在總統不但想見我，還想抓住我，我應該感到高興還是難過呢？

　可是我不是真正的銀行搶匪，我其實就讀冷

泉國小四年級的金多智。銀行搶匪使用了超能力，把我和他的身體交換了！

　　跟蹤冒充我的假金多智的那一天，假金多智摸了他項鍊上的小石頭後，我就恢復成金多智的樣子，可是當他又摸了一次石頭，我就再次變成銀行搶匪李金道的模樣。這時候我才知道，一切都是眼前這個假金多智，也就是真正的銀行搶匪李金道搞的鬼！

　　我和假金多智爭論的場面引來很多人圍觀，為了不被發現我的外表是銀行搶匪李金道，我只好暫

嫌犯
李金道
懸賞 1,000,000,000 元

時撤退。也許是受到的打擊太大，我的超能力在路上突然消失了，因為學會人體科學知識而長出來的長頭髮、長眉毛和長鬍子，這些偽裝都在一瞬間不見了，害我被巡邏中的警察發現，費了好大一番功夫才順利逃走。

我把假的金多智使用超能力和我交換身體這件事，告訴收留我的科學家莫古爺爺後，他說了一句「解鈴還須繫鈴人」，我查了成語字典，才知道這句話的意思是「由誰製造出來的問題，需要當事人去解決」。

可是害我變成這副模樣的罪魁禍首李金道，也就是假金多智，根本不打算把身體還給我啊！還說

他比我更適合當金多智，氣死我了！

　　為了觀察假金多智的一舉一動，趁機找到解除他的超能力的方法，我出門前會戴上墨鏡和帽子，再使用超能力做好充分的偽裝。

　　不過，不知道是不是我學到的人體科學知識不夠多，我的超能力維持的時間越來越短，不管是章魚的擬態能力，還是長長的頭髮、眉毛和鬍子，都經常在我走在路上時突然消失。

　　只戴著墨鏡和帽子，我很容易就被認出來是銀行搶匪李金道。加上警察在總統的命令下，調派了更多人手，也加強了巡邏的次數和範圍，讓我被警察發現的機率越來越高。

　　就像現在──

　　「李金道！」

　　「站住！」

　　還沒走到學校去觀察假金多智，我就被警察發現了。

　　我平常是一個很聽話的小朋友，但是現在我不能照警察說的話做。如果我又被抓住，一定會被關進戒備比之前更森嚴的監獄，到時候即使有小隕石和超能力，我也不見得可以再逃出監獄。

　　呼呼！呼呼！

我氣喘吁吁的拼命逃跑，跑著、跑著，我身旁出現了很多穿著運動服的人，而且他們和我一樣不停往前跑。

　　「這些人該不會是李金道的粉絲吧？」

　　我在電視上看過一群人追著偶像或明星跑的畫面，爸爸告訴我，那些人是稱為「粉絲」的追星族，因為喜歡，所以跟在偶像或明星身後，希望再靠近一點、多看對方一眼。那個人山人海的畫面讓我印象深刻，因此下意識認為這些人是李金道的粉絲。

　　雖然我無法理解為什麼會有人喜歡銀行搶匪這種壞蛋，但是媽媽教過我，要尊重每個人的喜好，於是我決定跟著那些人一起跑，讓我更靠近他們，這樣他們會很高興吧！

　　這時候，路邊出現很多人，他們不停揮手、鼓掌，感覺就像是我的啦啦隊。為了表達對這些人的感謝，我也比出V字手勢，並對他們微笑。

　　「為什麼銀行搶匪這麼受歡迎？」

　　我一頭霧水，不過警察沒有給我思考的時間。

　　嗶鳴！嗶鳴！

　　遠方傳來警車的鳴笛聲，讓我非常緊張，我用雙腳要怎麼跑贏車子呢？

「咦？那是……」

在警車追上來之前，有另一輛車子靠近我和其他人，接著以一定的速度跟在我們身旁，車裡還伸出許多攝影器材，一直拍攝我們。

看到車身印著電視臺的名稱後，我才發現這是「SNG車」，負責將現場的訊號傳送到人造衛星，電視臺從人造衛星接收訊號後，就能在電視上播出畫面。

我終於明白了，原來那些穿著運動服的人不是李金道的粉絲，而是參加跑步比賽的選手，我不小心混進他們當中了。

我靈機一動，立刻脫掉自己上半身的衣服，只剩下穿在裡面的藍色背心，看起來和其他人的運動服很像，這樣我就可以假裝成參加跑步比賽的選手，警察一時之間也找不到我了吧！

嗶嗚！嗶嗚！

警笛聲逐漸逼近，已經跑了很久的我不僅雙腳發軟，汗水也像下雨般大量滴下來，心臟則像快爆炸似的拼命跳動。

「有沒有適合的超能力可以用呢？」

我用手撫摸放在鼻孔裡的小隕石，可是我想不到適合這個狀況使用的超能力。

這時候，一直跟在我和其他選手身旁的SNG車上，傳來播報員和評論員說話的聲音。

「今天這場馬拉松比賽，我們請到國內知名的馬教練為我們解說。馬教練，馬拉松是持續幾小時都不休息，一直向前跑的運動，這樣看來，馬拉松應該是最簡單且最原始的運動項目吧？」

「我不這麼認為。其實馬拉松可以說是運動科學的代名詞，看似簡單，其實蘊藏著很多知識，如果想在比賽中獲勝，關鍵就在於能不能充分運用相關的科學原理。」

　　一聽到「科學」，我就忍不住拉長了耳朵仔細聽，因為科學知識是我發動超能力的必備條件，學得越多越好。

「那麼馬教練，你認為馬拉松比賽中最重要的科學原理是什麼呢？」

「我認為是和人體有關的科學原理。在一般的馬拉松比賽中，選手必須連續奔跑三到六小時，因此必須具備超強的心肺功能，也就是以心臟為中心的循環系統，和以肺部為中心的呼吸系統，這兩者所具備的功能。

人類在跑步的時候，要靠心肺功能將氧氣快速的運送到全身，才能讓身體擁有足夠的氧氣去運作，否則很快就會因為呼吸困難而跑不下去，甚至引起休克等問題。」

「一般人和馬拉松選手的心肺功能有很大的差異嗎？」

「一般20～30歲男性在一分鐘內最多能吸入的氧氣量，大概是每公斤體重約45毫升。頂尖的馬拉松選手在一分鐘內最多能吸入的氧氣量，則高達每公斤體重78～84.5毫升。」

「一般人和馬拉松選手在一分鐘內最多能吸入的氧氣量，竟然相差將近兩倍！這代表馬拉松選手可以在同樣的時間裡，比一般人吸入更多的氧氣，並快速運送到全身，對嗎？」

「沒錯。如果心肺功能比較弱，在馬拉松比賽

的過程中，呼吸可能會變得不順暢，主要原因就是身體的供氧量不足。有些馬拉松選手會特地到海拔2000公尺的山區進行訓練，目的就是提高自己的心肺功能。」

　　雖然很累，我還是努力學習評論員提到的人體科學知識。如果超能力能讓我的心肺功能變強，身體可以吸入大量的氧氣，我就不會像現在這樣氣喘吁吁，呼吸也能更順暢了。

　　當我浮現這個想法的瞬間，鼻孔裡的小隕石突然微微的發熱，沒多久，我的背上好像有一道電流通過，並且用很快的速度在全身上下流動，接著我的腦中似乎閃過一道彩色的光芒。

一連串奇異的感覺結束後，我的呼吸忽然變得很順暢，剛才那些上氣不接下氣的感覺彷彿做夢似的，看來我的心肺功能因為超能力而變強了。

　　這時候，我又聽到評論員的聲音從SNG車上傳來。

　　「對馬拉松選手來說，另一個重要的能力是耐力，它關係到人能不能長時間運動。如果想提升耐力，首先必須把肌肉鍛鍊得相當發達，才有本錢強化耐力。如果把吸入氧氣的肺部，和把氧氣運送到身體各處的心臟都比喻成汽車的引擎，那麼肌肉扮演的角色就是汽車的輪胎，有了它，身體才能運作。」

　　聽到評論員說的

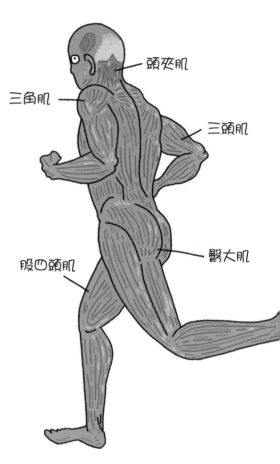

頭夾肌
三角肌
三頭肌
臀大肌
股四頭肌

〈人體肌肉構造概略圖〉

話，我感覺自己全身上下的肌肉都漸漸變得結實，剛才有如拖著鉛塊的腳步，此時變得非常輕盈，讓我跑起步來就像一輛頂級的超級跑車，輕輕鬆鬆就全速往前衝。

「馬拉松選手的成績可以說是取決於心臟、肺部和肌肉這三個部位，而且它們對所有運動項目來說，也是必要且關鍵的能力。」

有如呼應評論員的話，我的疲憊感完全消失，而且能用極快的速度奔跑。站在路邊為選手加油的人們看到我的表現後，紛紛發出驚呼聲。

「快看那個人！」

「他不會累嗎？」

10個人、20個人、30個人……由於我跑步的速度超級快，就像一陣風吹過似的，轉眼間就超過了許多選手。

SNG車上的播報員和評論員看到我奔跑的樣子後，接連發出讚嘆聲。

「那位身上沒有號碼布的選手太厲害了！根據我的估算，他跑100公尺只用了16秒，如果繼續用這個速度奔跑，或許會得到這場比賽的第一名，並且創下全臺灣，不對，是全世界的新記錄！因為他應該可以在兩小時內跑完全程馬拉松42.195公里的

距離。」

「李金道，站住！」

「快抓住他！」

警車無法開進馬拉松比賽的會場內，於是警察改騎摩托車來追我，並拿著擴音器大喊。

「你是說那個懸賞10億元的銀行搶匪嗎？」

「他參加了這場馬拉松比賽嗎？在哪裡？」

聽見警察的喊叫聲，SNG車上的播報員、評論

員和工作人員都露出驚訝的表情，他們睜大雙眼，開始在眾多選手中尋找我的身影。

「李金道，你竟然敢來參加馬拉松比賽，真是個膽大包天的傢伙！」

警察緊追著我不放，連SNG車也不顧其他選手還在比賽，一心追著我跑。

多虧超能力的幫助，我越跑越快，警用摩托車和SNG車都追不上我，不知不覺間，前面已經沒有其他選手，我變成第一名了！

圍觀的加油群眾看到我用飛快的速度成為第一名，都大聲叫好。我還來不及高興，SNG車的喇叭卻在此時傳出聲音。

「各位選手及民眾，現在位居第一名的人就是總統發誓要繩之以法的銀行搶匪李金道，請大家趕快抓住他，就能獲得10億元的懸賞金了！我再說一次，10億元正在各位的眼前奔跑，祝大家好運！」

聽到這個消息後，原本筋疲力盡的馬拉松選手突然像遊戲裡的角色般滿血復活，紛紛朝我的方向狂奔。數百名的馬拉松選手，以及圍觀的數千名民眾，還有騎著摩托車的警察，甚至連SNG車上的工作人員，都拼命追著我跑，我的後方就像有一股極大的海嘯向我撲來。

「抵達終點！」

我以第一名的成績衝過位於運動場內的比賽終點線，主辦單位設定好的彩帶自動發射後掉到我身上，四周的電視牆上也出現恭喜我破記錄的文字，但是沒有任何人為我祝賀，看臺上的觀眾都急著加入抓我的行列。

第二、第三名到達終點的選手也沒有停下腳步，頭也不回的繼續追著我跑。再加上一路追過來的人們，我就這樣帶領著長長一條人龍跑出運動場，繼續在街上狂奔。

這樣下去不是辦法，如果超能力在這個時候消失，我會立刻被抓住，還有其他超能力可以幫我逃離這裡嗎？

這時候，開在我旁邊的宣傳車上，正好在播放昆蟲紀錄片的預告影片。

看似不起眼的昆蟲，其實具有驚人的運動能力。很多人都討厭的蟑螂就是深藏不露的頂尖跑步高手，能在一秒內跑出比自己身長多50倍的距離。如果是人類，就是一秒可以跑50～100公尺，根本是不可能的任務！

蚱蜢是高深莫測的優秀跳遠選手，輕輕一跳就

啾啾啾！

可以跳出比自己身長多20倍的距離。如果人類想和蚱蜢一較高下，那麼至少要一口氣跳過九臺公車，這應該是天方夜譚吧！

　　許多人避之唯恐不及的跳蚤則是昆蟲界的跳高記錄保持人，可以跳出比自己身長多130倍的高度。人類如果想挑戰跳蚤的記錄，必須跳過140～260公尺，也就是要跳過一座大樓呢！

　　我仔細聽著影片裡的一字一句，接著我的頭上彷彿盤旋著一股熱氣，背上則像有電流通過──我擁有新的超能力了！

　　「蟑螂！」

　　我彷彿變成一隻蟑螂，以每秒50～100公尺的

速度狂奔，跟在我後面的人都被我輕鬆擺脫了。

　　但是這時候，10幾輛警車突然從巷子裡衝出來，橫擋在馬路上，試圖擋住我的去路。

　　「蚱蜢！」

　　我運用蚱蜢傑出的跳遠能力，輕輕一跳，就越過這10幾輛警車，被我跳過的警察們都目瞪口呆。

　　我不分東西南北的拼命往前跑，沒想到竟然跑進一條死巷，眼前只有一棟很高的大樓。

　　「跳蚤！」

　　我想像自己是跳蚤，接著輕鬆跳過這棟很高的大樓，街上和大樓內的人都訝異的抬頭看我。

喝！

　　追！趕！跑！跳！碰！

　　我運用蟑螂、蚱蜢和跳蚤這三種昆蟲的運動能力，在一棟又一棟的建築物間來去自如，所有人都愣在原地，呆呆的看著我，我則趁機趕緊逃離現場。

汪！

馬拉松的科學原理

重視心肺功能的馬拉松

　　許多人都認為馬拉松就是不斷往前跑，不像其他運動那樣有繁複的規則必須遵守，因此覺得它很單純。不過深入研究就會發現，馬拉松其實是相當講究科學原理的運動。

　　馬拉松選手會透過訓練來強化自己的心肺功能，但是不能太勉強自己，否則可能會引起心臟麻痺等令人遺

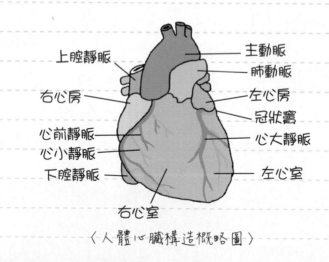

〈人體心臟構造概略圖〉

感的事件。跑步時，一定要衡量自己的體力，才能讓身體確實變健康喔！

奇妙的既視感現象

　　馬拉松可以分成路程為21.0975公里的「半程馬拉松」，路程為42.195公里的「全程馬拉松」，還有距離超過42公里的「超級馬拉松」。超級馬拉松可以說是挑戰人體極限的運動，選手參加時可能會出現名為「既視感」的現象。

　　既視感是人在清醒的狀態下，自認為是第一次見到某場景或事件，卻感覺之前好像經歷過，也就是「似曾相識」的感覺。目前科學家還沒有找到發生既視感的原因，但多數專家都認為是腦中「海馬迴」這個部位造成的現象。

　　雖然我沒有跑過馬拉松，不過也經歷過既視感的現象，我還以為是我擁有了預見未來的超能力呢！

我覺得之前好像來過這裡。

科學調查隊
誕生

順利從馬拉松比賽逃走的我，好不容易才回到莫古爺爺的研究所。

　　爺爺說，他在電視上看到這件事的時候，本來想開車去救我，不過在他到達馬拉松比賽會場前，我就順利擺脫了警察和民眾的追捕。

　　爺爺這番話讓我感動得流下了眼淚，看來現在全世界只有他一個人相信我，也就是地球上大約79億的人口中，只有爺爺站在我這邊。

　　雖然很少，但是我還有79億分之1的希望，所以我不會放棄！

　　一走進祕密房間，原本緊張的心情瞬間消失，但我卻像一顆洩了氣的球，疲倦感如排山倒海而來，讓我全身上下都超級痠痛，無法動彈！

　　「看來超能力可以強化你的身體能力，但是不能排解累積的疲倦。以後這種超能力還是少用，免得要承受更慘烈的後果。」

　　爺爺把他研發的特製營養劑拿給我，吃完後，我的身體才逐漸恢復正常。

　　這時候，房間裡突然飄散著一股屁味，爺爺立刻用懷疑的眼神看我，我也用懷疑的眼神看他，然後我們同時看向小狗哈利——犯人就是你！

　　沒想到哈利又放了幾個屁，而且還有聲音，讓我懷疑牠根本是故意的。

　　「爺爺，你可以讓哈利的智慧變得和人類一樣高嗎？這樣牠就可以控制放屁的狀況了吧！」

「提高生物的智慧可沒這麼簡單，而且放屁是很正常的生理現象，不只是人，小狗也是啊！」

爺爺捏著鼻子說話，看起來沒什麼說服力。

隔天下午，為了觀察假金多智以找出解除他超能力的方法，即使要冒著被警察抓住的風險，我也必須出門。

我在臉上貼了又長又茂密的假鬍子，再戴上厚厚的無度數眼鏡，頭上也戴了一頂帽子。為了讓偽裝看起來更自然，我還在肚子上放了一顆枕頭，這

樣看起來就和一般的叔叔沒兩樣，肯定沒有人會發現我的外表是銀行搶匪李金道。

　　為了降低別人對我的警戒心，我特地帶著哈利一起出門。沒多久，我們走到一間超級市場附近，哈利突然拔腿狂奔，牠的力氣大到我無法反抗，只能一路被牠拖著走。

　　「哈利，你怎麼了？別再跑了！」

　　全力衝刺了一段路後，哈利終於停下來，我低頭一看，眼前是一隻被綁在超級市場門口的漂亮白色小狗。

　　這隻白色小狗一直對我搖尾巴，我也蹲下來，輕輕摸了牠的頭。

　　「你好。」

　　這時候，有個人走到這隻白色小狗的旁邊，應該是牠的主人。我站起來，才發現這隻小狗的主人不是別人，正是我喜歡的女生──宋熙珠。

　　我曾經和熙珠帶著這隻小狗到公園玩，看來牠還記得我，才會對我示好。

　　以前每天上學都會在班上見到的熙珠，隔了那麼久突然出現在我眼前，讓我十分懷念，很想和她說說話。這時候，我從熙珠拿著的透明塑膠袋裡，看到她買的東西。

「你是要把沙茶醬塗在吐司麵包上吃吧？」

忽然被陌生人搭話，熙珠警戒的看著我。還好我出門前有偽裝，否則熙珠早就被我這副銀行搶匪李金道的外表給嚇跑了。

「我也很喜歡那個甜甜、鹹鹹的味道呢！」

雖然熙珠沒有回答我，但是我實在太想和她說話，於是自顧自的說下去。

「你怎麼知道那是什麼味道？」

一般人都是在吐司麵包上塗奶油或果醬吃，熙珠或許是因為難得遇到和她一樣塗沙茶醬吃的人而感到驚訝。

「我以前和你一起吃過啊！我記得是在學校的運動會結束後，大家都跑去操場玩了，我們則是坐在遊樂器材上，一邊聊天，一邊吃著塗了沙茶醬的吐司麵包。」

雖然知道說這些話會嚇到熙珠，可是我太久沒看到她了，加上那段回憶這麼美好，所以我忍不住說了出來。

「你到底是誰？」

熙珠的眼睛睜得大大的，為了不讓她嚇到逃跑，我決定委婉的多透露一點提示，希望熙珠能主動認出我，才能消除她對我的警戒心。

「我不是壞人，雖然你應該很難相信，不過我確實是你的朋友。」

「我的朋友？」

我點點頭，接著一股悲傷的情緒湧上心頭。

「請你一定要相信我，我真的是你的朋友，我們從國小一年級就一直在同一個班級。」我的眼淚默默流了出來。

熙珠的嘴巴因為訝異而合不攏，她用不可思議的眼神一直盯著我。

「從國小一年級就一直和我同班的人只有一個……你是金多智嗎？」

熙珠試探的詢問著，我則點點頭回應。

「真的假的！你怎麼會變成大人的樣子？你早上在學校的時候還很正常啊！怎麼回事？讓我看看你的臉！」

熙珠伸出手，想掀開我的假鬍子，我趕緊躲開。熙珠現在還沒有完全相信我，如果這時候讓她看到銀行搶匪李金道的模樣，她一定會嚇到逃跑，我也會因此被其他人發現行蹤。

我急中生智，想了個半真半假的理由。

「不行。壞人讓我的模樣變得和以前不一樣了，你看到後一定會被嚇跑，而且萬一害你被影響就糟了。」

熙珠點點頭並收回手。即使我說的話破綻百出，熙珠也沒有多問，溫柔的接受了這個理由。

「原來如此。沒關係，看了你的眼睛，我就知道你沒有騙我，你就是金多智。」

為了讓熙珠更相信我，我帶著她來到爺爺的研究所，向她說明我這段時間以來的遭遇，以及她在學校看到的金多智是假的——當然，和超能力有關的部分都跳過了。

最後，我緩緩拆下臉上的假鬍子。

「李金道！」熙珠嚇得躲到桌子底下。

「沒錯。我和銀行搶匪交換了身體，雖然我的內心是金多智，外表卻是李金道。」

「那我在學校遇到的金多智，才是真正的銀行搶匪李金道嗎？」

我點點頭，用袖子擦了擦不知道什麼時候流下來的眼淚，卻發現熙珠還躲在桌子底下，她的呼吸非常急促，渾身也不停發抖。

「對不起，嚇到你了吧？沒關係，你就當作我在胡說八道，忘了這件事吧！」

沒想到當我說完這句話，熙珠反而從桌子底下爬出來，並且從桌上拿了幾張衛生紙給我。

「我確實有點嚇到，不過別擔心，我相信你！除了你那熟悉的眼神，也因為你說話的口氣一直都很溫柔，表情也總是這麼誠懇。」

熙珠的話讓我放下心來，於是我用她給的衛生紙擦了擦臉上的鼻涕和眼淚。

熙珠看著我，然後恍然大悟似的說著。

「我最近一直覺得『金多智』很奇怪，經常做一些以前不會做的事，以前經常做的事現在卻都不會做，態度和語氣也突然變得很像大人，好像換了一個人似的。所以這段時間我都和他保持距離，現在我終於知道原因了。」

這時候，熙珠像是想到什麼好主意，眉開眼笑的對我說：「多智，我們去找紅衣超人來幫你吧！他很屬害，肯定三兩下就能解決你的問題！」

我不知道怎麼回答熙珠，因為我就是紅衣超人，那我到底要找誰來幫忙呢？

看到我沉默不語的樣子，熙珠才發現這個主意在執行上有困難。

「對了，我不知道要去哪裡找紅衣超人……沒關係，多智，打起精神來，我會站在你這邊。」

熙珠溫柔的安慰我，讓我的眼淚又不受控制的流了下來。

原本這個世界上，只有莫古爺爺一個人站在我這邊，現在變成兩個人了。雖然79億分之1和79億分之2看起來沒有太大的差異，但是對我來說，希望增加了兩倍，意義非常重大！

「總統幾天前才信誓旦旦的說要逮捕銀行搶匪，但是今天早上又發生了一起銀行搶案。搶匪有如在向總統下戰帖，特意選了離總統府最近的銀行犯案。為此，稍早總統府內聚集了相關單位的首長召開緊急會議，據了解，總統還在會議中大發雷

霆。」

　一大早，新聞節目就以快報的方式，播報又有銀行被搶的消息。

　「張記者，警方認為這起銀行搶案的犯人也是李金道嗎？」

　新聞主播透過連線，對位於被搶銀行現場的記者提出了疑問。

　「沒錯。根據被害銀行提供的監視器畫面，可以發現李金道的身影，而且作案手法和之前一模一樣，因此警方已經初步做出這樣的推論。」

　我非常生氣，這根本不是我做的，是假金多智，也就是真正的銀行搶匪李金道搞的鬼！這就是他之前說的「需要我幫忙的地方」嗎？為什麼我必須幫他背黑鍋？

　「這個叫做李金道的銀行搶匪身上真的有太多疑點了！他不僅在逃跑過程中參加了馬拉松比賽，還獲得了第一名，甚至擁有一般人不可能具備的超強運動能力，藉此一再從警方的層層包圍中脫逃。」

　新聞畫面切換成我前幾天在馬拉松比賽中，輕鬆跳過10幾輛警車後逃跑的影片。忽然間，新聞主播似乎從耳機裡聽到最新消息，接著用激動的語氣

播報。

「剛才從案發現場傳來最新消息，警方發現疑似是銀行搶匪李金道留下來的USB隨身碟，裡面或許有協助破案的線索。我們立刻和位於現場的記者連線。」

新聞畫面切換到一間銀行前，拿著麥克風的記者正準備報導現場狀況。

「記者所在的地方是今天早上遭到搶匪洗劫的銀行，根據警方提供的消息，嫌犯留在現場的USB隨身碟內，儲存了以下這段錄音。」

大家好，我是銀行搶匪李金道。雖然對各位很抱歉，但是無論警察再怎麼布下天羅地網，我都可以像一陣煙，消失在你們眼前，絕對不會被抓到。

全臺灣的民眾，你們存在郵局和銀行裡的錢都要小心了！因為再過不久，我就會把它們全都偷走，成為我的囊中物！哈哈哈！

這段錄音有經過電腦處理，是讓人聽了就不舒服的機器般的聲音，讓我全身都起了雞皮疙瘩。

「看來銀行搶匪李金道要藉由這段錄音，向全臺灣的官員、警察和民眾宣戰。根據我們稍早得到的消息，總統已經下令集結全臺灣的專家和學者，要組成一支最強的科學調查隊，隨即投入逮捕李金道的任務中。」

以前李金道搶劫銀行的時候，幾乎不會在現場留下任何線索，只有被害銀行的監視器能勉強捕捉到他穿過牆壁的畫面。現在他不但用USB隨身碟留下訊息，內容還是刻意要激怒大家，他到底想做什麼？真是可惡！

爺爺似乎感覺到我的心情很不好，一言不發的把電視關了起來。

這時候，我的手機鈴聲突然響起。

「多智，我正在那間發生搶案的銀行附近，這裡有很多警察和調查人員，我擔心你被發現，你千萬不要過來喔！」

我很感謝熙珠特地打電話來提醒我，但是為了揪出假金多智的馬腳，我還是決定前往那間被搶劫的銀行。

「太危險了！案發現場有很多警察和圍觀的民

眾，只要有一個人認出你來，你就會無處可逃，被抓個正著啊！」

爺爺非常擔心，試圖阻止我。

「我知道很危險，可是我必須掌握警察辦案的狀況。萬一假金多智不小心被抓住，即使我恢復原狀，我的人生也完蛋了！」

爺爺沉默了一會兒，接著點點頭，看來是贊同我的想法了。沒多久，他像是突然想到好主意，拍了拍手。

「對了，拜託哈利去現場偵察吧！」

「哈利？」

「別忘了，哈利是可以和人類進行簡單溝通的聰明小狗，我平時也經常拜託牠做事呢！」

爺爺打開櫃子的抽屜，拿出各式各樣的機器。

「先把我特製的耳機放在哈利大又下垂的耳朵上，這樣就可以藏起來，絕對不會被人發現。再把兼具麥克風功能的迷你攝影機掛在哈利脖子的項圈上，這樣就完成了，看起來很自然吧！」

「哇啊！好像在上演『間諜大作戰』喔！」

這些裝備就像我以前在電影裡看過的偵探專用器材，現在竟然出現在我眼前，爺爺真不愧是科學家，讓我更敬佩他的聰明才智了。

「把哈利帶到發生搶案的銀行附近，就能把偵察的任務交給牠。哈利能從耳機聽到我們下達的指令，攝影機和麥克風則能讓我們看到和聽到現場的狀況。不過電波的傳送有一定的範圍，所以我們要躲在離那間銀行不遠的地方，這樣才可以掌握哈利和現場的狀況。」

爺爺從他的衣櫃裡拿出一頂假髮，還有一些女生的衣服和化妝品。

「這些是我去世老婆留下來的東西，過了那麼多年，我都捨不得丟，沒想到它們還有派上用場的一天。」

爺爺幫我穿戴上那些衣物，又在我的臉上塗塗抹抹後，我就變成一位上了年紀的奶奶。

因為我站著就很明顯是個普通的大人，爺爺又從屋子角落找出一臺輪椅讓我坐上去，這樣我們就能假扮成一對老夫妻。

我明明是個10歲的小朋友，外表卻是30幾歲的大人，現在又要變裝成身體不好的60幾歲奶奶，真是太考驗我的演技了！這樣下去，也許將來我不只可以成為科學家，還可以考慮成為演員，並且因為高超的演技而得到金馬獎呢！

我、爺爺和哈利一起來到發生搶案的銀行附近，在爺爺的指令下，哈利立刻跑向警察身旁，我和爺爺則混進附近圍觀的人群中。

這時候，對面街道上出現了一個穿著很奇特的女生。她的頭上綁了一條花花綠綠的頭巾，臉上戴著一副蝴蝶形狀的太陽眼鏡，最奇怪的是，明明沒下雨，她卻穿著雨衣和雨鞋。

雖然那個女生的穿著打扮很怪異，走路還東張西望，怎麼看都很可疑，但或許從她的身高和身形一看就知道是個小學生，所以警察沒有上前盤問她。

　　當那個女生走近我，我仔細一看，才發現她是熙珠。

　　「熙……」

　　「多……」

我立刻把手指放在嘴巴上，示意熙珠不可以說出我的名字，萬一假金多智在附近，被他發現我在這裡就麻煩了。

　　「熙珠，你怎麼穿成這個樣子？大家都盯著你看耶！」

　　「我想在附近進行機密調查，看看有沒有可以幫到你的地方。怎麼樣？我的服裝很帥吧！」熙珠很高興的說著，彷彿自己是一位祕密探員。

　　雖然我沒有執行機密調查的經驗，不過根據我看過的卡通和電影，祕密探員應該不會穿得像熙珠這麼顯眼。

　　爺爺拍拍手，打斷我和熙珠的對話。

　　「警察一直往這邊看，我們趕快離開吧！」

　　哈利留在被害銀行附近，我和爺爺、熙珠則一起進入附近一棟大樓內，再搭乘電梯到天臺，打算從這裡觀察哈利和銀行的狀況。

　　「前進。停止。不要叫。等一下。」

　　哈利乖巧的聽從爺爺透過耳機傳達的指令，順利的在沒有引起警察注意的情況下，在銀行附近執行偵察的任務。即使我們待在大樓的天臺，也可以透過爺爺準備的小型螢幕，從哈利項圈上的攝影機和麥克風了解現場的情況。

銀行周圍有一群穿著藍色制服的人，他們的衣服和帽子上都寫著「科學調查隊」，應該就是總統下令組成的隊伍。

　　調查隊旁邊站著很多警察，當中有我熟悉的吳金順警察叔叔，不過他看起來很累又很焦躁，或許是因為處理銀行搶案都沒有休息吧！

　　這時候，哈利來到了警察叔叔的面前。

　　「這裡怎麼會有小狗？走開！」

　　雖然警察叔叔發了脾氣，但是哈利沒有被嚇跑，還在警察叔叔的面前坐了下來。

　　「我沒空和你玩啦！這隻狗的主人在哪裡？快把牠帶走！」

　　警察叔叔朝圍觀的群眾大聲呼喊，卻沒有任何

人回應，無可奈何之下，警察叔叔只好放棄趕哈利走的念頭。

有一名穿著黑色西裝的人把所有穿著藍色制服的調查隊員集合起來，看來他是這支科學調查隊的隊長。

調查隊長清了清嗓子，拿下墨鏡，準備向調查隊員下達指令的時候，我們發現他的眼睛竟然又小又可愛，和他精明能幹的外表很不一樣，讓我和熙珠忍不住笑了出來。

「各位是根據總統的指令，從全臺各地召集而來的菁英。請各位務必運用科學的力量，讓可惡的犯人無所遁形。」

「是。」

對於隊長下達的命令，全體調查隊員齊聲回答後，便井然有序的分散到各處，執行自己的任務。

一名調查隊員將一副橡膠手套拿給警察叔叔，然後自己也戴上了手套。

「警官，請你配合戴上手套，這是為了避免嫌犯的指紋和其他人的指紋混雜在一起。」

警察叔叔一臉不情願的戴上手套，嘴巴還一直念念有詞，似乎在抱怨。

「我覺得不用再調查現場了，犯人就是李金

道。銀行的監視器拍得那麼清楚，他還留下訊息向我們宣戰，難道你們沒看到嗎？」

調查隊員不理會警察叔叔的抱怨，在銀行的門窗上噴了一些粉末。

「你們在做什麼？」

「犯人進出銀行時，可能會碰到門窗，只要他沒有戴手套或是刻意抹去蹤跡，在作案的過程中就有可能留下指紋，也就是手指上的皮膚紋路所留下的痕跡。這些粉末會吸附指紋上的殘留物，指紋因此浮現，我們就能將它採集起來。

指紋採集完畢後，我們會蒐集所有在這間銀行上班的職員，甚至是最近來過的顧客的指紋，經過仔細的比對與排除，才可以找出嫌犯，防止誤判犯人的情況發生。」

「原來指紋這麼好用！」警察叔叔恍然大悟的說著。

這時候，不遠處的一名調查隊員突然大叫。

「隊長，我發現了一枚可疑的指紋。」

那名調查隊員拿出乾淨的透明膠帶，按在位於玻璃窗的指紋上。爺爺告訴我，這樣可以把指紋完整複製到膠帶上，就能帶回去進行分析。

調查隊長走到那名調查隊員身旁，把有指紋的

膠帶小心收進他手上的特製信封裡，再於信封上註明時間、地點等資訊。

這時候，警察叔叔身旁的調查隊員拿出一個像是吸塵器的機器。

「你要做什麼？」警察叔叔好奇的詢問。

「我要蒐集現場的物證，因為『凡走過必留下痕跡』，即使是一根頭髮、一個腳印，甚至是衣服上脫落的一條線，都可能成為抓住犯人的關鍵。」

調查隊員用機器把現場可能是犯人遺留的東西全部蒐集起來，小心的放進袋子裡，並貼上標籤。

「我們會把這些東西送去實驗室調查，結果很快就會出來。」

那名調查隊員離開後，調查隊長走到警察叔叔身旁，若有所思的說著。

「我敢肯定，再過不久就會抓到李金道。」

「你為什麼這麼有信心？」警察叔叔挑起眉，提出質疑。

「擁有『現代福爾摩斯』稱號的美國聯邦調查局第一位犯罪剖繪專家約翰·道格拉斯，曾經根據對犯人心理的了解，協助警察破獲多起重大事件。根據道格拉斯的經驗，我們可以推論出破案的關鍵之一就是犯人驕傲的心態。

犯人第一次犯案時，會因為害怕被抓到而特別小心謹慎，所以現場留下的證據通常很少。不過連續犯下多起案件後，犯人由於沒被抓到，膽子就變得越來越大，可能會在現場留下自己犯案的標誌，甚至進行犯罪預告、投書給媒體、打電話去嘲笑警方等。

當然，『夜路走多了總會碰到鬼』，這些犯人經常因為太驕傲而留下關鍵證據，或是因此掉入警察設下的陷阱中。我認為李金道正處於這個狀態，從他留下的USB隨身碟和越來越多的證據就可以證實，因此他被抓到應該是遲早的事。」

調查隊長說完後，就走向其他地方，繼續監督調查隊員的工作狀況。

透過哈利項圈上的攝影機和麥克風，我、爺爺和熙珠也聽到了調查隊長的這番話，並且對他敬佩不已。

我認為調查隊長應該很快就能揪出假金多智的馬腳，於是向哈利下達了靠近調查隊長的指令，希望就近觀察他的行動。

哈利靠近後，調查隊長不但沒把牠趕走，似乎還覺得哈利很可愛，不停摸牠的頭。沒想到看起來嚴肅的調查隊長這麼喜歡小狗，實在出乎我們的意

料之外。

我忍住想笑的念頭，清了清嗓子。

「熙珠，你有發現什麼嗎？」

熙珠正用她自己準備的望遠鏡，認真觀察現場情況，所以我好奇的詢問她。。

「我發現犯人回到案發現場了！」

在熙珠手指的方向，假金多智正悠閒的騎著腳踏車，在銀行附近晃來晃去。

「他為什麼這麼冷靜？而且看起來很開心！」

正如熙珠所說，假金多智吃著冰棒，不時用眼

角餘光瞥向銀行，當他看到警察和調查隊員忙碌的身影時還轉頭偷笑。

「就像調查隊長說的，犯人的膽子會隨著犯案次數而越來越大。」爺爺嘆了一口氣。

這時候，一名調查隊員似乎找到了什麼東西，他小心翼翼的拿著一個密封容器，快步走到調查隊長面前。

「隊長，我認為這起銀行搶案的犯人可能是外國人。」

「你找到證據了嗎？」

「我發現一根粗糙的咖啡色毛髮，這不是臺灣

人身上會有的毛髮。」

　　調查隊長打開密封容器，拿出放大鏡仔細觀看，沒多久，他就嘆了一口氣。

　　「你分不出來狗毛和人毛有什麼不同嗎？」

　　「原來犯人是一隻小狗！」

　　這名調查隊員竟然能得出這種連我都覺得無厘頭的結論，讓我不禁對他甘拜下風，調查隊長的臉則是被他氣得一陣青一陣白。

　　「天啊！你是怎麼成為我們科學調查隊的一員的？那是這隻小狗的毛！」

　　接著，調查隊長指著乖乖坐在他身旁的哈利，那名調查隊員此時才恍然大悟，臉也瞬間變得通紅。

　　「對不起，今天是我第一次出任務，所以有點緊張。」

　　「快給我打起十二萬分的精神，去找出足以當成證據的東西！」

「是。」

菜鳥隊員向調查隊長行舉手禮後，就像一陣風一樣迅速離開，但是沒一會兒，他又用極快的速度跑到調查隊長面前。

「隊長，這次我很有信心，我推測犯人是個左撇子。」

「證據呢？」

「我找到一支疑似是犯人留下來的螺絲起子，採集後發現只有左手的指紋，可以確定是用左手操作的，因此我推測犯人是左撇子。」

菜鳥隊員小心翼翼的把螺絲起子交給調查隊長，看了上面噴上粉末後浮現的指紋，調查隊長滿意的點點頭。

「的確是左撇子留下的指紋。做得好！看來你剛才只是太緊張了。」

聽到調查隊長的稱讚，菜鳥隊員露出了害羞的笑容。當他準備回去繼續調查的時候，似乎想起了什麼事，於是又跑回調查隊長身邊。

「隊長，我有一件事難以理解。」

「什麼事？」

「小孩能瞬間變成大人嗎？」

「你在說什麼？」

菜鳥隊員似乎是怕別人聽到，不但特地靠近調查隊長的耳朵說話，音量也降低了許多。看到這個狀況後，爺爺立刻調整機器的設定，讓哈利脖子上的麥克風收音效果更好，我們才能聽見他們之間的悄悄話。

　　「我在這間銀行的後門調查時，發現不遠處有一條泥濘的小路，上面有許多似乎是犯人留下的腳印。」

　　「你怎麼知道那是犯人的腳印？」

　　「我住在離這裡不遠的地方，這附近從昨天晚上開始就一直下大雨，直到凌晨才停止，路上的積水都還沒乾。這起搶案是在今天上班時間前發生的，腳印應該只有早上犯案後，從後門進出的犯人才可能留下。」

　　聽完菜鳥隊員的解釋，調查隊長理解的點了點頭。

　　「但是隊長，那些腳印非常奇怪，是由小腳印和大腳印組成。走向銀行時，是從小腳印變成大腳印；離開銀行時，卻是從大腳印變成小腳印。」

　　菜鳥隊員的這番話讓調查隊長嚇得睜大了眼睛，歪著頭思考了一會兒後，調查隊長就像想通了似的打了個響指。

「看來李金道除了自己腳上穿的鞋子之外，又準備了小朋友的鞋子，並且刻意留下痕跡，目的是要故布疑陣，擾亂警方辦案！」

「起初我也這麼認為，但是當我用機器測定腳印壓在泥土上的壓力後，發現這些腳印確實是有人穿著鞋子造成的，不是用手拿著鞋子就可以留下的痕跡。

我從小腳印測定出犯人的體重大約是40公斤，大概是國小四年級學生的體重。測定大腳印則得到犯人大約是70公斤，大概是30歲成年男性的體重。加上這些腳印是連續、沒有中斷的，而且只有一組，沒有其他腳印，所以我認為是同一個人留下，但是這個人卻能從小朋友變成大人，再從大人變成小朋友。」

菜鳥隊員急促且堅定的說著自己的發現與推測，說話的同時，身體不由自主的靠近調查隊長，讓調查隊長嚇得倒退了幾步。

「冷靜一點，你覺得自己說的這番話合理嗎？你認為這個世界上有人可以自由變成小朋友或大人嗎？」

「我也覺得不可能！可是根據證據，只能引導出這個結論。」

菜鳥隊員越講越激動，聲音也越來越大，爺爺趕緊調整機器的設定，避免我們因為菜鳥隊員的大嗓門而傷到耳朵。

　　「我們是科學調查隊，當你引導出的結論不符合科學原理的時候，你要做的不是讓這個結論繼續往不科學的方向發展，而是回到起點，重新審視你發現的證據，並且思考中間有沒有出錯的地方，再重新引導出新的結論。」

　　這回換調查隊長越說越激動，似乎有「恨鐵不成鋼」的感覺，原本理直氣壯的菜鳥隊員也漸漸變得心虛。

　　「對不起，我立刻去找其他證據。」菜鳥隊員向調查隊長敬了禮之後，就趕緊跑回崗位，尋找其他證據。

　　菜鳥隊員離開後，待在原地的調查隊長似乎想起了什麼事，開始自言自語。

　　「我記得上次看監獄管理員提交的觀察日誌與報告，李金道第一次越獄被抓回來後，從左撇子變成了右撇子，難道這回他又變成左撇子了？而且監獄管理員說李金道變得內向又愛哭，和之前外向又囂張的樣子完全不同，簡直像變成另外一個人……這到底是怎麼回事？難道世界上還有另一個李金道

嗎？」

　　這時候，另一個調查隊員從遠處呼喚調查隊長，打斷了他的喃喃自語。

　　「隊長，我在窗戶縫隙上發現了疑似犯人的好幾根頭髮，我已經採集起來了。」

　　「很好，有了這些頭髮，就可以鑑定DNA了。」調查隊長滿意的打了個響指，就朝著銀行外面走去。

　　過了一會兒，科學調查隊已經執行完任務準備離開，爺爺請熙珠去幫他接哈利回來，我和爺爺則趁這個時候討論剛剛偵察到的事。

　　「科學調查隊根據蒐集到的證據，認為犯人是左撇子，而且似乎可以自由變成大人或小朋友，警察應該會因此懷疑李金道的身分。」

　　我疑惑的看著爺爺，不太同意他的結論。

　　「可是那些都是菜鳥隊員自己的意見，他還被調查隊長罵到臭頭，警察真的會因此懷疑李金道的身分嗎？」

　　「疑心就像牆壁上的一個小洞，儘管剛發現時很不起眼，但是沿著它繼續挖掘，說不定可以因此摧毀一面巨大的牆壁。就像當初在監獄看到你的時候，我懷疑你可能是那個擁有超能力的小朋友，在

街上救了你、聽了你的話之後，我才確定自己當初的猜測沒有錯。」

爺爺的話讓我安心不少，接著我越過天臺的圍牆往下看，發現假金多智還騎著腳踏車在銀行周圍假裝閒逛，其實他應該是在觀察警察和科學調查隊的行動。

爺爺順著我的目光往下看到了假金多智，然後擔憂的看向我。

「在被抓到之前，假金多智應該還會繼續搶劫銀行。而且和以前不留下蛛絲馬跡的作法不同，他這次留下了很多物證，除了像科學調查隊長說的那樣是出於驕傲而鬆懈，我猜他還有一個目的，那就是要把罪行全部推給你。萬一現在外表是李金道的你真的被警察逮捕了，你有沒有想過事情會變成怎樣？」

我皺著眉。「我幫他背了黑鍋，被關進監獄後，所有人都會認為銀行搶案已經解決，警察也不會再調查了。」

「沒錯。這樣一來，假金多智就不用再擔心會被抓住，可以安心使用他偷來的巨額現金了。這應該就是他當初把小隕石和寫滿科學知識的餅乾盒子送給你，藉此幫助你逃出監獄的原因。」爺爺憂心

忡忡的嘆了一口氣。

　　我坐上輪椅，和爺爺一起離開大樓，再跟帶著哈利的熙珠會合。我們走到大馬路上的時候，警察和科學調查隊都因為工作完成而離開了，圍觀的群眾也散開了，銀行附近恢復以往的樣貌，看來回家的路上應該不會有什麼危險。

　　正當我放下心中的大石，卻忽然發現警察叔叔竟然就站在對面的路口，他似乎和我們一樣，等著過馬路。

　　面對這個突如其來的危機，雖然我一直要自己保持冷靜，不然會被發現，但身體還是不由自主的因為害怕而發抖。

　　警察叔叔對李金道──也就是我現在這副外表，是最熟悉不過的人了。好不容易才逮到，卻又三番兩次的逃走，肯定讓警察叔叔對李金道氣得牙癢癢。把李金道永遠關在監獄裡，應該是警察叔叔最大的夢想吧！

　　雖然我嚇得想拔腿就逃，可是我已經變裝成一個60多歲的奶奶，如果突然從輪椅上站起來，還跑得飛快，警察叔叔一定會覺得可疑而追上來，這樣

還會連累和我待在一起的爺爺和熙珠。所以我只是低著頭，假裝身體不舒服，還不忘用出門前特地練習過的女生聲音，有氣無力的咳嗽。

爺爺和熙珠也從我僵硬的動作和突如其來的咳嗽，以及我不停用眼角餘光偷瞄的模樣，猜到對面路口應該有我害怕的人──也就是警察。

「冷靜一點，沒事的。」

「別緊張，我們會掩護你。」

多虧爺爺和熙珠輪流安慰我，連哈利都用舌頭輕輕舔了我的手，我的身體才漸漸不再發抖。

我不停告訴自己：我的變裝很完美，演技很逼真，再加上爺爺、熙珠和哈利的掩護，即使是眼睛很利的警察叔叔，也不會發現我的外表是李金道，絕對沒問題的！

行人專用號誌變成綠燈，我們慢慢往前走，警察叔叔也從對向走了過來。我一邊咳嗽，一邊用手和頭髮遮住臉，不敢和警察叔叔四目相對。從我旁邊經過的時候，警察叔叔停下了腳步，但是馬上就繼續往前走了。

當我鬆了一口氣，以為順利過關時──

「等一下！」警察叔叔突然叫住我們。

「有什麼事嗎？」爺爺非常鎮定，神色自若的

詢問警察叔叔。

「這個人的身形我好像在哪裡看過⋯⋯」

低著頭的我，聽著警察叔叔逐漸走近的腳步聲，心臟撲通撲通的狂跳，像快衝出胸膛似的。

就在警察叔叔越來越靠近，只差一步就來到我們身邊的時候——

「哇啊！你在做什麼！」

原來是聰明的哈利想轉移警察叔叔的注意力，故意走到他的腳邊尿了一大堆尿。

「這隻狗是怎麼回事！故意和我作對嗎？剛才在現場跑來跑去，現在又尿在我的腳上，這是我隔了好幾年才買的新鞋子啊！」

警察叔叔狠狠瞪著哈利，但是哈利不以為意，還不停的搖尾巴。

叭叭！叭叭！

行人專用號誌在這個時候變成紅燈，兩旁的汽車駕駛們對還站在斑馬線上的我們和警察叔叔用力按喇叭，於是我們趕緊分別往兩邊跑開。

川流不息的車陣隔開我們和警察叔叔，為了不讓警察叔叔起疑，我們還特地用平常的步伐，不慌不忙、有說有笑的繼續往前走，假裝根本沒把剛才被他叫住的事放在心上。直到我們徹底離開警察叔

叔的視線範圍，走到沒有人的小巷子，確定他沒有追上來的時候，才終於鬆了一口氣。

「哈利，做得好！」

「你太棒了！」

爺爺和熙珠高興的稱讚哈利，我則是走下輪椅，蹲在哈利面前。

「哈利，多虧你及時在警察叔叔的腳上尿尿，不然我早就被他抓走了，謝謝你。」

我不停摸哈利的頭表示讚美，聰明的哈利也得意的不停汪汪叫。

超能力小百科

神奇的 DNA

　　世界上沒有一個人的臉會和另外一個人的臉完全相同，因為每個人的DNA都不一樣。同樣的道理，同一個家族的人會長得相似，也是因為DNA相似。

　　DNA的正式名稱是「去氧核醣核酸」，它是專門保存生物遺傳訊息的物質，存在於我們身體的基本單位，也就是每個細胞當中。

　　DNA是由詹姆斯・杜威・華生和弗朗西斯・克里克這兩位生物學家在1953年發現並提出精確模型，他們因此與同期論文發表者莫里斯・威爾金斯共同獲得1962年的諾貝爾生理學或醫學獎，生命科學領域也因此拓展了研究的範圍。

　　DNA的形狀像一座旋轉的樓梯，由兩條並行的線以螺旋狀的方式組成，這個構造稱為「雙螺旋構造」。而人體大約有50兆個細胞，每個細胞內大約有一到兩

公尺長的DNA，如果把一個人身上所有DNA的長度加起來，就有50～100兆公尺，這大約可以繞地球（周長約40000公里）將近125～250萬圈，真是不可思議！

　　DNA裝載著所有關於生物體遺傳的資訊，如果進行DNA鑑定，就可以得到一個人身上的許多訊息，因此廣泛運用在刑事鑑定、醫事檢驗等領域。有了DNA，就可以讓做了壞事的人無所遁形，真是厲害的發現呢！

千里眼 和 順風耳

以前打開電視，我最喜歡看的是卡通頻道，可是自從我的外表變成銀行搶匪李金道之後，我最常看的頻道就變成了新聞節目。因為我必須了解警察、科學調查隊和假金多智的一舉一動，才能知道自己接下來該怎麼做。

　　「在昨天舉行的國家安全會議中，總統竟然罕見的遲到了，讓相關單位的首長們苦等了將近30分鐘。據了解，總統是由於連續銀行搶案的犯人李金道尚未落網，因此出現便祕的症狀，導致在重要的會議中遲到。」

　　晨間新聞的主播表情嚴肅的報導。

　　「據可靠消息指出，總統最近出現了嚴重落髮的情況，頭頂甚至出現一塊塊的圓形禿，所以出席公開場合時都會戴上假髮。詢問醫生後得知，這些都是壓力過大造成的症狀，推測是和李金道的逮捕進度有關。」

　　午間新聞的主播一臉同情的報導。

　　「總統今天現身於活動會場時，眼睛下方掛著化妝也遮不住的濃濃黑眼圈，簡直和動物園裡的貓熊沒兩樣。本臺記者多方調查後得知，是因為總統接到警方傳來的李金道消息就會失眠，造成嚴重的睡眠不足。」

　　晚間新聞的主播火冒三丈的報導。

　　「有力人士獨家向本臺透露，總統每天開會時，都咬牙切齒的說著李金道的名字，造成牙齒嚴重受損。牙科醫生表示，如果情況沒有辦法改善，總統可能必須透過手術治療受損的牙齒，甚至未來都要戴著假牙生活。」

　　政論節目的主持人和來賓每天都熱烈討論著總統的最新狀況。

不管是哪個時段或頻道，電視的新聞臺幾乎全天無休的播放和李金道有關的新聞。莫古爺爺看了以後覺得心煩意亂，於是把電視關起來，世界頓時安靜下來。

我則是非常擔心總統的身體狀況，都是因為李金道，才害總統的健康出了問題。如果可以，我想利用小隕石賜予的超能力幫總統解決便祕的問題，再幫他把頭髮長得密密麻麻、黑眼圈全部消失，牙齒也變得和新的一樣又白又亮。

熙珠放學後，來到研究所的祕密房間，和我及爺爺一起擬定作戰計劃，包括如何揭發假金多智的真面目並逮捕他、如何讓我恢復原狀等。會議開到一半，中場休息的時候，熙珠走到我面前，伸出手摸了我的臉，讓我滿臉通紅。

「我怎麼看都覺得奇怪。」

原來熙珠是對我的臉很好奇，而且竟然用力捏我的臉頰，還拉我的耳朵。

「好痛！」

我痛得大叫，熙珠則急忙向我解釋。

「對不起。我想知道你的臉是不是真的？如果

扒開你的臉皮，金多智的臉會不會跑出來呢？」

　　熙珠興致勃勃的說起她前幾天在生物科學的書上看到關於「換臉」的實驗，裡面介紹了如果想換一張臉該怎麼做。

　　「那個實驗讓我想起媽媽在煮菜前，把雞的皮扒開的樣子，看起來不難，我覺得自己也可以做得很好。」

　　熙珠一邊摸我的臉，一邊很有自信的說著，但是她這番話卻讓我嚇得臉都皺成了一團。

　　原來平常天真活潑的熙珠，偶爾也會異想天開，這讓我重新認識她，也知道以後最好不要惹她生氣。

聽著熙珠和我的對話，一旁的爺爺若有所思，他好像想到什麼，緩緩開口。

「再不把這件事情解決，恐怕多智真的需要換臉才能活下去，或是以後只能在黑暗的地方生活了。電視臺鋪天蓋地的報導，會讓知道李金道長相的人越來越多，未來恐怕不是偽裝就能解決，就像上次，要不是哈利適時救援，你可能早就被警察發現並逮捕了。」

爺爺說完後，熙珠立刻接著說。

「那我以後也只能在黑暗的地方生活了。因為多智你一個人應該會害怕，但是有我陪著你就沒問題了。」

熙珠的話讓我感動到快流下眼淚，但是我的好奇心卻在此時爆發，讓我的淚水都縮回眼睛裡了。

「為什麼人在黑暗的地方會看不到呢？」

或許是我突然提出一個完全不相干的話題，讓熙珠有點不耐煩。「這是理所當然的事，有什麼好問的！」

「世界上沒有什麼事情是『理所當然』的，人在黑暗的地方看不到一定也有原因。有沒有什麼方法能讓我們在黑暗中也看得很清楚呢？」

熙珠似乎拿我沒辦法的樣子。「你知道這個要

做什麼？你又不是貓，也不需要在黑暗中看得很清楚吧！」

「對了，為什麼貓在黑暗中也可以看得很清楚？而且牠們的眼球在黑暗中看起來又大又圓，在光線很亮的時候則會變成像是一條直線，這又是什麼原因？」

「夠了，現在是你問問題的時候嗎？」

熙珠氣得插腰，眼看就要開口罵我的時候，爺爺為了化解我們之間緊張的氣氛，趕緊搶在熙珠之前說話。

「光照在物體上，反射進入眼睛的視網膜上後，視神經再將光反射的訊息傳到腦進行分析，我們才能『看到』那個物體。黑暗中沒有光，物體無法反射，它的模樣也就無法在視網膜上成形，因此我們看不到東西。

控制多少光線進入眼睛裡的是瞳孔，貓的瞳孔比人類有彈性，能隨著光的強弱，快速放大或縮小，所以在沒有光的黑暗中會變得又大又圓，光線很亮的時候則會縮小成像是一條直線。其實人類的瞳孔也會因為光而放大、縮小，只是不像貓這麼明顯。」

熙珠用力眨了眨眼睛，似乎很驚訝「看到」這

件事，原來需要身體這麼多部位一起合作，並不是「理所當然」的事。

我看到這樣的熙珠後，又有了新的疑問。

「爺爺，人為什麼會眨眼睛？」

「金多智，現在是擬定作戰計劃的時間，不是讓你問問題的時間啦！」

雖然熙珠很不耐煩，不過爺爺非常有耐心的為我說明。

「根據研究，一般人在10秒內至少會眨一次眼睛。眨眼睛是為了讓人用眼淚清洗自己的眼睛，因為眼睛經常接觸到灰塵等骯髒的東西。

眼睛上方有一個叫做淚腺的部位，眼淚就是從那裡流出來的。當我們眨眼睛的時候，眼淚會布滿眼睛，達到清洗的效果。」

「就像安裝在汽車擋風玻璃上的雨刷，以及水箱中的玻璃清潔劑一樣吧？如果擋風玻璃變髒，只要啟動雨刷並噴出清潔劑，就可以把玻璃擦得乾乾淨淨。」

「聽你這麼一說，汽車的擋風玻璃和我們的眼睛還真的有點相似呢！」

熙珠拍了拍手，示意我和爺爺不要再聊了。「好了，專心擬定作戰計劃吧！」

爺爺率先說出自己的想法。「我覺得要先讓警察、科學調查隊，還有多智的家人、老師和同學成為我們的夥伴。」

　　「沒錯，我也是這麼想的。」熙珠高興的附和爺爺的話。

　　「我們三個人和一隻狗能做的事有限，但是把這些人都變成我們的夥伴後，勢單力薄的假金多智就無法與我們抗衡了。要如何把這些人都變成我們的夥伴呢？關鍵在於讓他們知道現在那個金多智是假的！即使不完全相信，至少也要讓他們對假金多智產生疑心，像是覺得『金多智變得和以前不一樣了』，這樣我們之後的作戰計劃會更容易執行，也能更早讓多智恢復原狀。」爺爺說出自己的意見。

　　「關於這點，我有個好辦法，那就是讓他們看到多智的眼睛。」熙珠指著我的眼睛。

　　我一頭霧水。「為什麼？」

　　「我就是在看到你的眼睛後，才確定外表是李金道的你是真正的金多智。你這雙彷彿無時無刻都很困惑的無神眼睛，絕對是世界上獨一無二，沒有人能模仿的！」

　　我的心情有點複雜，不太確定熙珠這番話是在稱讚我還是嘲笑我。

爺爺沉思了一會兒，然後說出他的想法。

「熙珠說得有道理。眼睛又稱『靈魂之窗』，無論從生理學或心理學的角度來看都是如此。因為一個人的眼睛可以透露出許多訊息，像是生病的時候，眼睛會充血或渾濁；說謊的時候，眼球會無意識的轉動。已經有很多實驗和研究都證實了這個說法，所以我認為熙珠說的方法也許行得通。」

儘管爺爺也很贊成熙珠提出的計劃，但我還是沒有把握。

如果看到眼睛就能認出我才是真的金多智，那麼爸爸、媽媽到監獄和我會面的時候，為什麼沒有認出來呢？難道是因為他們不愛我嗎？

一陣胡思亂想後，我的心情突然有點沮喪，眼淚不禁奪眶而出，鼻涕也跟著流下來。

熙珠輕輕摸著我的臉，我以為她是想安慰我，不過事實並非如此。

　　「流眼淚的時候，為什麼鼻涕也會一起流出來呢？」

　　空歡喜一場的我，尷尬得趕緊拿起衛生紙，把滿臉的淚水和鼻涕擦乾淨。

　　「人的眼睛和鼻子中間有一條稱為鼻淚管的部位，流眼淚的時候，淚水會經由鼻淚管進入鼻子，淚水和鼻子裡的黏液結合後，就會變成鼻涕並流出來。奇怪了，我們明明是在開作戰會議，為什麼三不五時就談到科學的問題呢？」

　　面對爺爺的疑問，我和熙珠害羞的抓抓頭，因為我們就是把話題帶開的人。

　　爺爺清了清喉嚨，試圖把話題再次帶回作戰計劃上。「總之，我認為利用眼睛是一個很好的方式。」

　　「我說得沒錯吧！但是要怎麼讓大家看到多智的眼睛呢？要不要我用湯匙把他的眼睛挖出來？我平常就很喜歡用湯匙挖魚眼睛來吃，我應該可以挖得很完美喔！」

　　熙珠拿起桌上的筆，隔空對著我的眼睛比劃，讓我嚇得全身都起了雞皮疙瘩。

爺爺似乎也被熙珠的話嚇出一身冷汗，趕緊補充說明。

「不用這麼大費周章，只要透過眼睛裡稱為『虹膜』的部位就可以了。就像熙珠剛剛說的，每個人的眼睛都是獨一無二的，因為每個人的虹膜都有所不同。虹膜是瞳孔的外圍部分，透過它可以辨識身分，許多國家的保全系統都已經採用虹膜辨識的技術了。

虹膜
瞳孔

在黑暗的地方為了感知更多的光，瞳孔會放大。

在明亮的地方為了減少過多的光線，好呈現鮮明的畫面，瞳孔會縮小。

〈人類的瞳孔與虹膜〉

說到辨識身分，通常會經由指紋、虹膜和DNA這三種方式，所以如果想揭發假金多智的真面目，證明他其實是李金道，我們可以從這三個方面來著手。」

熙珠滿臉疑惑。「多智和李金道的模樣不是交

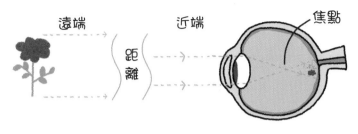

光照在物體上，反射進入眼睛的視網膜上並成形。

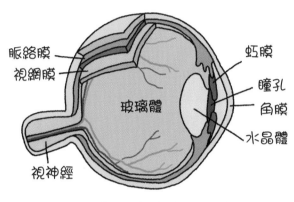

〈人類眼睛構造概略圖〉

換了嗎？多智現在的手又大又粗，是大人的手，因此指紋一定改變了，那麼虹膜和DNA沒有跟著交換嗎？」

「我認為多智和李金道只是單純交換了身體的外貌，就像整型手術雖然可以改變一個人的外觀，卻無法改變內在，所以我覺得多智的虹膜和DNA應該和以前一樣。」

聽完爺爺的說明後，我和熙珠恍然大悟，大力的點點頭。

「不過，即使只能交換自己和另一個人的外表，也非常可怕。如果假金多智利用這個特殊能力，把自己和總統的外表交換，天下就要大亂了。」

我想起假金多智之前把葉子當成鈔票，用來騙鹹酥雞店老闆娘的事。萬一假金多智真的和總統交換外表，藉此掌握了權力和地位，那麼臺灣恐怕會被他玩弄在股掌中。

「太可怕了，我們一定要趕快阻止他！」熙珠雙手握拳，正義凜然的說著。

爺爺點點頭。「多智和李金道交換了外表，指紋八成已經改變了，所以我們應該從DNA和虹膜著手，這樣就可以讓大家了解這兩個人的真實身分了。」

儘管熙珠很有信心的點點頭，不過我還是沒什麼把握。

「我們要怎麼做呢？假金多智的警戒心很強，接近他是一件很困難的事。我上次跟蹤他的時候，很快就被他發現了，更別說要得到他的DNA和虹膜資料了。」

爺爺思考了一會兒，接著拉開櫃子的抽屜，拿

出一臺相機。

「這是我仿照人類眼睛製作的特殊相機，我可以改造它，變成只要用它拍照，就能用拍下的照片進行虹膜檢測。」

「這臺相機很特別嗎？」

「沒錯。經過我的精心設計，它的構造幾乎和人類的眼睛一模一樣。」

爺爺打開相機，內部構造因此清晰呈現在我們眼前。

「在相機中，通過鏡頭的光會被影像感應器這

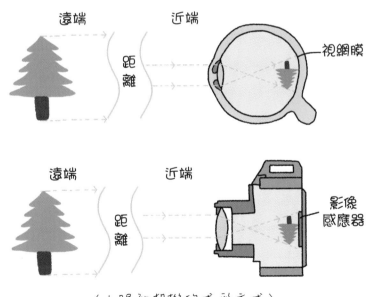

〈人眼和相機的成形方式〉

個裝置記錄下來，它的功能就像人類眼睛裡的視網膜，物體的模樣在上面成形，相機才能拍出照片。還記得我剛剛說人的眼睛因為有視網膜，物體的模樣在上面成形，再透過視神經把這個訊息傳給腦，我們才能看見東西嗎？」

我和熙珠異口同聲的回答：「記得。」

「很好。人類的視網膜中有許多視細胞，數量大約有1.1～1.3億個。相機中的影像感應器只有一個，但是它的概念和視細胞很像。相機拍攝的照片是由叫做畫素的小點所組成，相機的畫素越高，照片的品質就越好，畫素的高低則取決於影像感應器的性能。」

「電視廣告上常標榜相機有3000萬、5000萬畫素，人類眼睛中的視細胞則有大約1.1～1.3億個，這代表相機的性能比人類的眼睛差嗎？」

我忍不住舉手發問，爺爺則耐心的回答我。

「這樣比較或許不太精準，畢竟物品的性質和計量的單位都不同，但是人類的眼睛確實很厲害，即使科技日新月異，機器還是難以超越神奇的人體。像是很多相機都有建置『防手震』的裝置，即使拍照時手不小心晃動，還是能拍出清晰的照片，儘管聽起來很神奇，但是人體早就有類似的功能

了。」

　我目瞪口呆。「真的嗎？」

　「這個功能由我們耳朵裡的『前庭系統』負責。耳朵由外而內可以分成外耳、中耳和內耳這三個部分，前庭系統就和耳蝸等部位一起位於內耳。

　前庭系統是由負責感知旋轉動作的半規管，和負責感知直線加速的耳石這兩個部分組成，具有人體平衡感和空間感的功能，對於人類的運動和平衡能力產生關鍵的作用，也就是讓我們的身體可以『防手震』。」

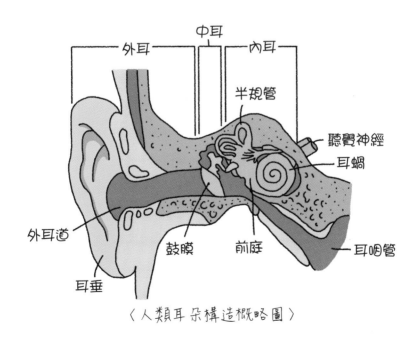

〈人類耳朵構造概略圖〉

「對了，我以前聽過一個很可怕的故事。森林裡和草叢間經常可以看到蝸牛，但是人們卻從來沒看過死掉的蝸牛，牠們跑去哪裡了呢？」熙珠像在說祕密似的，用很小的聲音說話。

「跑去哪裡了？」

爺爺和我同時提出疑問。

「人類的耳蝸裡啊！」

熙珠瞪大了眼睛，嘴巴也張得大大的，像是說著世紀大發現似的。

爺爺輕輕拉著熙珠的耳朵。「我好像聽到你的耳朵傳出奇怪的聲音，看來是你耳蝸裡的那隻蝸牛肚子餓了。」

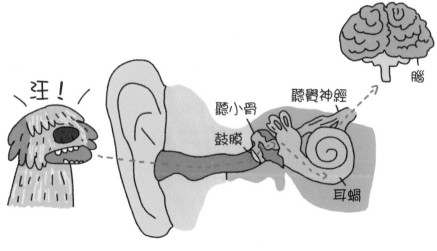

〈人類聽到聲音的過程〉

我和爺爺忍不住捧腹大笑，熙珠則滿臉通紅的瞪著我們。

　　之後，爺爺向熙珠道歉。「對不起，別生氣了，我只是開個玩笑。我們的耳蝸是因為形狀和蝸牛的殼相似，科學家才將它取名為耳蝸，其實它和蝸牛一點關係都沒有。」

　　「就像刀削麵裡沒有刀，太陽餅裡沒有太陽一樣，我們的耳蝸裡也沒有蝸牛。」我模仿姐姐，假裝自己很懂的樣子，下了這個結論。

　　熙珠氣得面紅耳赤，又狠狠瞪了我一眼。我趕緊裝作什麼事都沒發生過，嘴巴像被拉鍊拉起來，不敢再多說一句話。

　　爺爺咳了一聲，表情頓時變得很嚴肅。「言歸正傳，這個虹膜任務必須交給熙珠，我和多智都無法執行。」

　　熙珠吞了一口口水，看起來既期待又緊張。

　　「我會立刻把這臺相機改造完畢，請熙珠明天把它帶去學校，用它幫假金多智拍照，或是邀請假金多智和你一起拍照，我們就可以從照片上得到假金多智的虹膜資料了。」

　　「沒問題。」熙珠很有自信的回答。

　　「對了，如果可以，請你再找機會偷偷蒐集

有假金多智DNA的東西，像是血液、含有毛囊的頭髮等身體的一部分，或是有殘留口水的牙刷、漱口杯等物品，這樣我們就可以得到他的DNA資料了。有了虹膜和DNA，可以說是鐵證如山，即使警察和科學調查隊不相信，也不得不懷疑假金多智的身分了。」

「遵命。」熙珠立正站好，向爺爺敬了個禮。

於是我們擬定了以下這個作戰計劃。

〈作戰計劃〉

1.蒐集假金多智的虹膜資料

警察在李金道入獄的時候，應該有檢測過他的虹膜。把假金多智的虹膜資料提供給科學調查隊，他們就能發現假金多智和李金道是同一個人。

2.蒐集假金多智的DNA資料

提供我們蒐集到的假金多智的DNA資料，讓科學調查隊比對他們從被搶銀行現場找到的DNA，發現兩者相同後，他們就會相信假金多智就是李金道。

假金多智很聰明，我怕熙珠在執行任務的過程中會有危險，讓我擔心到晚上睡不著覺。

　　看到我翻來覆去的樣子，爺爺也猜到了我在想什麼，於是開口安慰我。

　　「別擔心，熙珠既聰明又勇敢，交給她一定沒問題。」

　　一整天，我整顆心都七上八下的，就在我擔心到想直接去學校等熙珠的時候，終於有人敲響了祕密房間的門。

　　「是誰？」

　　「莫古！」

　　這是我和熙珠一起制定的暗號，這樣就不用擔心有人發現我們的祕密了。

　　熙珠一臉悶悶不樂的站在門口，看到她這個樣子，我和爺爺都以為計劃失敗了。

　　「沒關係，我們再想其他計劃吧！」

　　沒想到，熙珠突然露出笑容，雙手還比出代表勝利的V字。

　　「我成功了，對於像我這樣優秀的祕密探員，這個任務根本是小事一樁！」

熙珠從書包裡拿出相機，裡面有好幾張她和假金多智一起拍攝的照片。接著熙珠又拿出一個塑膠袋，裡面裝著假金多智在學校使用的牙刷。

　　「我拿了一封假的情書給假金多智，裡面寫著我覺得他很帥，而且偷偷暗戀他很久了，結果假金多智馬上就相信了，我也順利的和他一起拍照。哈哈哈！男生果然無法抵擋像我這樣的美少女！」

　　熙珠的話讓我鬆了一口氣，她確實和爺爺說得一樣，既聰明又勇敢。

　　「對了，今天還發生一件超好笑的事喔！國語課的時候，老師要全班同學輪流上臺介紹自己看過覺得最感動的電影，結果假金多智才只說了電影的名字，老師立刻滿臉通紅，還大聲罵他。」

　　「為什麼？」

　　「假金多智說的那部電影，是大人才能看的限制級電影，小學生絕對不能看。所以老師就罰他放學後留在教室打掃，還要寫一篇反省的作文，我猜他現在應該還沒回家吧！」

　　我忍不住哈哈大笑。我以前上課時也經常惹老師生氣，不過都是因為提出太多問題，沒想到假金多智惹老師生氣的方式竟然比我更誇張。

　　熙珠像是突然想起什麼搖了搖頭。「唉！如果

那個人在，我們或許就不需要這麼辛苦，三兩下就可以幫你解決問題了。」

「誰？」

「紅衣超人啊！」

我愣了一下。這段期間，我每天都在煩惱怎麼恢復原狀，幾乎快把紅衣超人的事忘了。

「你也聽過紅衣超人的傳聞吧？聽說他是超能力者！」

「我當然知道囉！電視上經常播放關於紅衣超人的新聞。」

我露出很不自然的笑容，希望熙珠不要發現我因為緊張而僵硬的動作。

「紅衣超人不但從火場中救出受困者，在路上保護差點被花盆砸到的小朋友，還幫助警察逮捕李金道，真是太帥了！如果有他在，一定可以立刻解決你遇到的難題，再逮捕可惡又狡猾的李金道！對了，紅衣超人最近都沒有出現，他是不是發生什麼事了？」

看來熙珠很崇拜紅衣超人，為了不讓她傷心，我絕對不能說出我就是紅衣超人這件事。

熙珠握住我的手，認真的看著我。「多智，別擔心，即使沒有紅衣超人，我和莫古爺爺也一定會

想辦法幫你恢復原狀。」

熙珠說的話就像打氣筒，為沮喪的我注入力量，化解我焦慮、不安的心情。也多虧她說的話，讓我想起我可以用紅衣超人的名義，為我現在的困境做出一點幫助。

那天晚上，當爺爺和哈利都睡著後，我默默的從自己的床上爬起來，接著坐在書桌前寫信給警察叔叔和科學調查隊長，希望他們可以了解真相並站在我這邊。

就像媽媽以前告訴過我的，只要真心誠意的付出，我的想法總有一天可以傳到對方的心裡。即使警察叔叔和科學調查隊長不完全相信，信上的內容應該也能在他們的心裡留下一點印象，希望將來能幫助我恢復原狀。

隔天早上，我拜託爺爺把熙珠蒐集到的證據和這封信一起送到警察局。爺爺經常到警察局做志工，認識了很多警察，和他們的關係也很好，所以證據和這封信應該可以順利送到警察叔叔和科學調查隊長的手上。

吳金順員警、科學調查隊長：

　　你們好，我是紅衣超人。我寫這封信給你們，是因為我已經知道了李金道藏身的地方。不過在提供你們線索之前，我要先告訴你們關於金多智小朋友的事。

　　現在的金多智是假的，他不是真正的金多智。為什麼我會知道呢？很抱歉，我無法說出原因，這個世界上讓人無法理解的事實在太多了，即使我說出來，恐怕你們也會覺得我在開玩笑。

　　不過我可以確定的是，假的金多智就是真正的銀行搶匪李金道。第二次越獄的李金道，也就是你們現在看到的李金道，他其實是無辜的。

　　為了讓你們相信我說的話，我提供了一些證據，包括假金多智的虹膜資料和使用過的牙刷。請把這些證據和你們手上的資料，以及在案發現場蒐集到的證據進行比對，如果比對出來的結果是一致的，那就可以證明犯人是假金多智，也就是真正的銀行搶匪李金道了。

　　真正的金多智小朋友已經被我救出來並送到安全的地方了，所以不用擔心他，他一直沒露面的原

因是怕被假金多智盯上，等你們逮捕假金多智後，他很快就會回到父母的身邊。

　　希望你們能成功逮捕假金多智，也就是真正的銀行搶匪李金道。

PS.請幫我告訴總統，多吃蔬菜能緩解便祕的症狀，這是金多智小朋友的建議。

紅衣超人

　　為了進行作戰會議，熙珠在放學後也到爺爺研究所裡的祕密房間報到。

　　「多智，假金多智跟我說，你們一家人今天要到餐廳吃飯，他還問我要送你媽媽什麼生日禮物比較好。」

　　「對了，今天是媽媽的生日！」

　　我低頭看了看自己這副李金道的模樣，別說祝媽媽生日快樂了，恐怕連靠近她都有困難。我心裡非常難過，於是默默流下眼淚，熙珠看見我難過的樣子，立刻開口安慰我。

　　「別難過，你想幫媽媽過生日嗎？那我們也去

那間餐廳吧！」

「怎麼做呢？他們不可能歡迎我吧！」

我絕望的說著，熙珠卻對著我笑。

「你變裝後，我、你和爺爺假裝成一家人去那間餐廳吃飯，就不會被懷疑啦！你很想念家人吧？雖然沒辦法和他們說話，不過能多看他們幾眼也好。而且我們可以藉此觀察假金多智，希望能趁機在你家人面前揪出他的馬腳。」

我不安的看向爺爺，擔心這個計劃太過冒險而被阻止，沒想到他竟然點頭同意，讓我高興得從椅子上跳起來。

「太好了！我們家這幾年都是在媽媽最喜歡的『綠野仙蹤餐廳』為她慶祝生日，今年應該也是，我來帶路！」

我比以往更認真的變裝，再跟爺爺、熙珠和哈利一起出發。

街上的風很大，我們的帽子、假髮和衣服，甚至是哈利的耳朵，都快被風吹走了。不過，我們是為了揭發銀行搶匪真面目而組成的祕密小隊，為了讓總統恢復健康，為了讓大家的錢不會再被偷走，即使風再大，我們也要挺身而出。

餐廳的客人很多，我們被安排坐在露臺的位

置，我的家人則坐在和我們有點距離的地方，所以我看不太清楚他們的情況。

啪嚓！啪嚓！

我鼻孔裡的小隕石突然微微發熱，眼前閃過一道光後，我就發現自己只要眨眨眼就能看到遠處的東西，再眨眨眼就能恢復成原來的狀況，也就是我的眼睛可以和相機鏡頭一樣自由的看近或望遠。我想或許是前幾天，爺爺教我們眼睛和相機的原理及構造，那些科學知識變成了我的超能力。

多虧小隕石賜給我這個有如千里眼的超能力，即使坐在露臺上，我也可以清楚看到家人們用餐的情況和臉上的表情。

「熙珠，請你用相機拍下你覺得可疑的場面。」我小聲的對熙珠說。

「沒問題。」

雖然信心滿滿，但熙珠從包包拿出來的卻是一包衛生紙。

「咦？原來我是把衛生紙放進包包，不是相機啊！」

我還來不及對熙珠的失誤說什麼，就發現假金多智從椅子上站了起來，走向洗手間，我和熙珠立刻躲到座位旁邊的柱子後面。

　　餐桌旁只剩下爸爸、媽媽和姐姐，當我努力聽清楚他們談話的內容時，我的耳朵突然一陣耳鳴，接著他們說的話就一字不漏的被我聽到了。看來爺爺教的耳朵知識也變成有如順風耳的超能力，降臨到我身上了。

　　「好奇怪，多智不喜歡小黃瓜，每次看到都會用筷子挑出來，剛才他卻津津有味的吃著。」媽媽用手捧著臉頰，疑惑的說著。

　　「隨著年紀增長，口味也會改變，他應該是不怕吃小黃瓜了。」爸爸對媽媽說的話不以為意，繼續享用美味的料理。

「多智才10歲，口味怎麼可能這麼突然就改變啊？」

媽媽對不明白的事向來會追根究柢，直到得到答案，所以一直低頭思考這是怎麼回事。這時候，姐姐也開口附和媽媽的話。

「我也發現一個奇怪的地方。一開始送上桌的沙拉裡放了幾顆花生，金多智竟然若無其事的吃了進去。」

「我記得多智也很討厭花生呀！你是不是看錯了？」

「我沒看錯，金多智真的吃下去了，而且似乎覺得很好吃。」對於媽媽的疑問，姐姐很有自信的回答。

爸爸皺了皺眉。「你們說得像是多智換了個人似的，不過就是不挑食而已啊！」

「其實有一件事我一直覺得很奇怪，金多智明明是右撇子，最近卻似乎變成左撇子，拿東西的慣用手突然變成左手，就像剛剛不管是筷子或湯匙，他都是用左手拿。」

姐姐說的話讓媽媽睜大了雙眼，連剛剛一直不以為意的爸爸也有點驚訝。

「上次到監獄和李金道會面的時候，他說過：『金多智是個右撇子，那個冒牌貨卻是個左撇子。』難道……」媽媽小心翼翼的說著，像是在害怕什麼。

爸爸不同意的揮揮手。「這種天方夜譚般的故事，你真的相信嗎？這可是那個銀行搶匪李金道說的話！」

「我只是覺得……」

媽媽的話還沒說完，假金多智就回到了座位上，接著把一個小盒子拿給媽媽。

「這是我送給媽媽的生日禮物。」

「謝謝你。我可以打開嗎？」

「可以。」

「哇！好漂亮的髮夾！」

原來盒子裡放著一個蝴蝶形狀的髮夾，看起來做工精緻，還鑲了很多閃閃發光的寶石。

「這個髮夾很貴吧？多智，你怎麼會有那麼多錢？」姐姐好奇的詢問。

「這是我用辛苦存下來的零用錢買的，為了媽媽，這點錢根本不算什麼！」

「不錯，我們多智果然很孝順。」

爸爸開懷大笑，姐姐卻更加疑惑的看著假金多智。

「對了，多智，你是什麼血型？我們學校最近很流行從血型看個性呢！」

對於姐姐的問題，假金多智毫不猶豫的回答。

「我是B型。」

「B型？」姐姐的聲音突然變大，不過馬上恢復成平常的音量，接著若無其事的帶開話題。

以前聊天的時候，爸爸、媽媽和姐姐都說他們是A型，只有我是O型，讓我一度以為自己不是爸爸和媽媽親生的孩子，因此受到很大的打擊。幸好後來老師在學校自然課教了我們「遺傳」的原理，A型的爸爸和媽媽確實可能生出A型和O型的孩子，才讓我鬆了一口氣。

「多智，媽媽想吃冰淇淋，你可以去櫃檯幫我點餐嗎？」

「順便幫爸爸點杯咖啡吧！」

假金多智點點頭，走去櫃檯點餐。看到他離開後，爸爸、媽媽和姐姐就交頭接耳，討論剛剛發生的事。

「金多智怎麼會說他是B型？我記得他是O型啊！爸爸和媽媽都是A型，A型的基因型是AA或AO，所以爸爸和媽媽只會生出AA、AO、OO這三種基因型的孩子。也就是說，金多智只會是A型或O型！」

姐姐嚇得講話速度都變快了，我還以為她在唱饒舌歌曲，竟然能一口氣說出這麼多夾雜著英文的

話。

　　媽媽咬緊雙脣，沉思了一會兒。「難道是我生產後，在醫院抱錯小孩了？」

　　爸爸有點生氣的說：「你們不覺得自己說的話很離譜嗎？多智當然是我們家的孩子，或許是因為最近學校作業很多，他才記錯自己的血型吧！左撇子的事也一樣，聽說最近的小孩有雙手並用的趨勢，這沒什麼大不了的呀！」

　　「可是我覺得事情沒這麼簡單，最近金多智的語氣和行為都變得跟以前不一樣了。」姐姐皺著眉，還是不能理解。

　　聽著爸爸、媽媽和姐姐的討論，我覺得很感動，我說過的話、做過的事，他們都記得，看來我的家人們還是很愛我的。

　　這時候，假金多智把冰淇淋和咖啡端了過來，爸爸、媽媽和姐姐立刻改變話題。

　　「補習班的上課時間快到了，我要先走了，你們慢慢吃。」假金多智從座位上站起來，向爸爸和媽媽鞠了躬就離開了。

　　當假金多智的身影完全消失在餐廳後，我鬆了一口氣，把一直戴著的帽子拿下來搧風，並抓了抓頭皮放鬆。

　　媽媽的眼睛突然一亮。「這是多智的味道！」

　　「他又回來了嗎？」爸爸疑惑的東張西望。

　　「不對，剛剛多智在的時候，我反而沒聞到這個味道。多智的頭頂會散發一股獨特的氣味，從他出生到現在，我已經聞了10年，絕對不會有錯。」媽媽站了起來，拼命的用鼻子聞，似乎想尋找發出味道的地方。

　　雖然我十分感動，想立刻跑去擁抱媽媽，不過突然被陌生人抱住，她應該會被嚇壞，我只能依依不捨的離開餐廳，避免被媽媽找到。

　　「媽媽，對不起，但是我現在這副模樣絕對不能被你看到。再等我一下，真正的金多智馬上就會

回到你身邊！」

隔天，新聞節目又報導有一間銀行被搶劫。雖然警察表示案件還在調查中，但我幾乎可以確定犯人就是昨天先從餐廳離開，說是要去補習班上課的假金多智。

我立刻變裝出門，到了那間被搶劫的銀行附近，發現警察和科學調查隊正在調查現場。我輕輕摸了放在鼻孔裡的小隕石，啟動千里眼和順風耳的超能力，這樣一來，即使距離很遠，我也可以清楚看到並聽到警察叔叔和科學調查隊長的對話。

「我們已經把剛才在地板上發現的頭髮送去做DNA鑑定了。」調查隊長首先說道。

「肯定又是李金道做的好事吧！」警察叔叔無奈的說著。

「我不確定。李金道在第一次和第二次被關進監獄的時候，我們都有採集他的DNA，但是這兩次檢驗出來的DNA竟然是不同的！而且和上次在被搶銀行發現的頭髮上的DNA比對後，發現與第一次檢驗的DNA符合，和第二次檢驗的DNA卻不符合。」

警察叔叔非常驚訝。「怎麼可能！難道世界上有兩個李金道嗎？」

　　調查隊長似乎難以回答警察叔叔的問題，於是不發一語。

　　根據我對警察叔叔的了解，如果是以往的警察叔叔，肯定會破口大罵調查隊長在胡說八道，但他現在卻是默默的從口袋裡拿出兩張紙，並交給調查隊長。

　　「寫這封信的人自稱是紅衣超人，由於內容太荒唐，我起初認為是某個人的惡作劇，但是聽完你剛剛那番話後，我也不敢貿然做出結論了。」

　　調查隊長看完信後點了點頭。「信上的內容和提供的證據，會由我們科學調查隊負責驗證。你先看看這張相片，這是上次在被害銀行附近發現的小孩子腳印，經過比對後，我們發現和金多智小朋友的腳印一模一樣。」

警察叔叔露出驚訝的表情。「難道金多智小朋友是上次那起銀行搶案的犯人或共犯？」

「我不知道。這個結果一出來，我們就派人採集了金多智小朋友的DNA進行比對，沒想到竟然符合李金道第一次入獄時檢驗的DNA，也符合上次在被搶銀行發現的DNA。」

警察叔叔當場愣住，好一會兒才艱難的擠出話語。「難道真的像那封信上寫的，現在的金多智是假的，而且他才是真正的銀行搶匪李金道？世界上會有這麼不可思議的事嗎？」

「雖然這個結論很不符合科學原理，但它卻是我們根據科學原理做出的結論。」調查隊長雙手插腰，一臉無奈的說著。

警察叔叔嘆了一口氣。「檢驗的過程有沒有可能出錯？」

「我已經請同仁再檢驗一次了，結果明天就會出來。」

調查隊長轉身走向仍在進行調查工作的被搶銀行，但是走沒幾步就回過頭來。

「還有一點我也覺得很奇怪。」

「怎麼了？」

「我們要比對金多智小朋友的DNA時，為了

避免出現誤差，也找了個藉口，請他的父母提供可以進行DNA鑑定的東西。雖然我們進行了很多次分析，但是……」

警察叔叔似乎已經猜到調查隊長要說什麼了，於是靜靜的等他把話說完。

「金多智小朋友和他父母的DNA完全沒有一致的地方，換句話說，根據我們的鑑定結果，他們沒有血緣關係。」

「他們會不會是收養的關係？」

「我們有請戶政事務所調出資料，但是沒有相關的記錄。」

警察叔叔不發一語，顯然難以理解怎麼會有這種事發生，但是調查隊長不像在開玩笑的樣子，這讓警察叔叔沉默了一會兒，最後抓了抓頭。

「唉！這件事越來越不可思議了。等你們針對那封信和證據的檢驗結果出爐，我們再來想想該怎麼辦吧！」

「好。」

警察叔叔和調查隊長一起走進被搶的銀行，繼續監督現場的調查工作，而我千里眼和順風耳的超能力也在這時候剛好消失。

雖然警察叔叔和調查隊長沒有完全相信我們提

供的證據和我寫的信，但是能讓他們對假金多智產生懷疑，我就覺得事情已經往好的方向發展了，我開心的露出笑容。沒想到下一秒，突如其來的風把我的假髮吹開，讓我一直小心翼翼遮住的臉全部露了出來。

這時候剛好有兩個人和我擦肩而過，也因此看到了我的臉。

「那個人是不是李金道？」

「有點像，我們靠近一點看看。」

雖然我趕緊再用假髮遮住臉，但是他們已經懷疑我是李金道，並且朝我走過來了。

怎麼辦？我要逃跑嗎？

忽然間，我的腦海中似乎降下一道閃電，接著我的眼球有如快掉出來似的往外突出。我看向旁邊店家的玻璃櫥窗，立刻被自己現在的樣子嚇到——黑黑的眼眶和大又突出的眼球，就像我以前在卡通和電影裡看過的怪物。

「認錯了！他不是李金道啦！」

「我還以為能拿到懸賞金呢！」

那兩個人失望的離開後，為了避免再被其他人發現，我快步回到爺爺的研究所並衝進祕密房間，熙珠一看到我就驚聲尖叫。

「媽呀！你是誰？」

「冷靜一點，我是多智啦！」

熙珠拍拍胸口，餘悸猶存。「你為什麼會變成這副可怕的模樣？嚇死我了！」

「這是我最近學會的變臉特技，多虧這招，我才沒被大家認出來是李金道。」

為了避免熙珠把我和紅衣超人聯想在一起，我決定不告訴她小隕石和超能力的事，所以隨便找了個藉口。

「原來如此。我還以為你終於決定去換臉了，可是竟然不交給我執行，真是太見外了。如果你改變心意想換臉，記得和我說，我真的可以做得

很好喔！」熙珠再次拿起桌上的筆，對著我的臉比劃。

我苦笑了幾聲，看來熙珠有點奇特的習慣又發作了。

我鬆了一口氣後，眼睛就漸漸恢復成原來的樣子。看來是小隕石發現狀況緊急，趕緊運用我之前學會的眼睛的科學知識，發動這個使眼球突出的超能力，讓我平安度過這次的危機。

那天晚上，我和爺爺躺在各自的被窩裡，聊著我今天到被搶銀行偵察時得到的情報，並討論下次的作戰計劃。

當我快睡著的時候，突然冒出來的好奇心瞬間打敗了瞌睡蟲。

「爺爺，為什麼你叫做『莫古』呢？這不是你的名字吧？」

爺爺閉著眼睛，平靜的回答了我的問題。

「我和你說過，我曾經發生過嚴重的交通事故，因此失去了家人和一部分的身體。有些人遭到像這樣的重大打擊後會一蹶不振，但是我告訴自己，好不容易撿回這條命，應該更珍惜，所以我幫

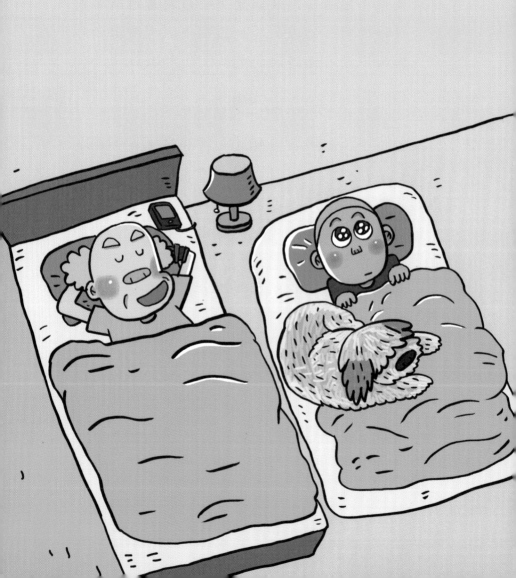

自己取了一個新名字『莫古』，『莫』是不要、『古』是過去，也就是不要一直懷念過去，應該放眼未來，並且讓現在過得更充實，這是我用來告誡自己的話。」

就像家中長輩為我們取名字的時候，經常包含了特殊的意義或對我們的期望，爺爺為自己取的新名字也蘊藏了深遠的含義。

爺爺又說了一些做人的道理，還和我分享他的人生經驗，雖然我不是全部都能聽懂，但是我都記在心裡。

儘管我的人生現在遭遇了一些挫折，也還有很多不懂的事，但是我要和爺爺一樣，毫無畏懼的邁開腳步前進。

「不聊了，即使是超級英雄，也要先睡飽，才有體力去和銀行搶匪戰鬥喔！」

爺爺這句話讓我笑了，心情也變得十分平靜，沒多久就進入了夢鄉。

血型系統和血型分析

血型的種類

把人類的血液分成A型、B型、AB型和O型的「ABO血型系統」，是人類最早認識，也是最重要的血型系統。當然還有其他血型系統，譬如「Rh血型系統」是把人類的血液分成Rh＋和Rh－兩種，世界上大部分的人都是Rh＋，Rh－的人則比較少。

在ABO血型系統中，AA和AO兩種基因型只會顯現出A型血型的顯性特徵。同樣的，BB和BO兩種基因型只會顯現出B型血型的顯性特徵。O型由於是隱性血型特徵，只有在OO基因型的組合下，才會顯現出O型血型的特徵。AB基因型由於都是顯性血型特徵，便會同時顯現出AB型血型的特徵。基因型關係到下一代的

〈血型的基因型〉

血型，像我的爸爸和媽媽是A型，我和姐姐只有可能是A型或O型，可以透過基因型來進行這樣簡單的分析，真有趣！

可以從血型知道一個人的性格嗎？

很多人都喜歡用血型分析性格，像是A型的人比較慎重，做事通常很細心。B型的人熱愛自由，不喜歡受到拘束。O型的人個性單純，對環境的適應力很強。AB型的人善於反省自己，只能接受合理的事情。

不過這些經由血型做出的性格分析，其實在科學上沒有任何根據，只是依照統計學做出的推論。我們學校也流行過這種血型分析，雖然也有說中的地方，不過我覺得還是參考就好，畢竟怎麼可能把全世界的人分成四種呢！

事件 4

正義的力量

我們最後的作戰計劃終於完成了，我把這個計劃命名為「正義的力量」，因為我相信邪不勝正，李金道一定會敗在正義的手下。

　　這個作戰計劃必須動員警察叔叔、科學調查隊長、學校老師和同學、宋熙珠、莫古爺爺和我，連哈利也要出動。

　　我以紅衣超人的名義，把作戰計劃的內容寫在信上，請爺爺轉交給警察叔叔和科學調查隊長，另外又寫了一封信給我的好朋友——宋熙珠。

　　趁熙珠來祕密房間的時候，我偷偷把信放進她的書包，隔天早上熙珠立刻打電話給我。

　　「多智，紅衣超人寫了一封信給我耶！信上寫著他為了救你而擬定的作戰計劃，這樣一來，你就能恢復原狀了！」

　　「真的嗎？快說給我聽！」我假裝驚訝的說著，看來我的演技也快達到超能力的水準了。

宋熙珠小朋友：

　　你好，我是紅衣超人。我知道你為了救好朋友金多智，即使可能遇到危險，你也勇敢的挺身而出，所以我也決定站出來幫忙。我已經擬定好逮捕李金道，也就是假金多智的作戰計劃了，要請你擔任一項重要的任務。

　　明天下午三點，你們老師會帶全班同學去參觀珠寶展覽會，我們要趁這個機會拿走假金多智項鍊上那顆具有特殊能力的小石頭，這樣金多智就可以恢復原狀了。

　　這個作戰計劃會動員許多人幫忙，你的任務就是運用勇氣和機智，讓假金多智降低警戒心，再趁機拿走他的項鍊。

　　我希望這個作戰計劃可以順利成功，不僅能讓金多智小朋友恢復原狀，可惡的李金道能被關進監獄，總統也能早日恢復健康。

紅衣超人

「不過我覺得信上的字越看越像小朋友寫的，這真的是紅衣超人寫的信嗎？」熙珠懷疑的說著。

「最近的人都習慣用電腦和手機打字，很少有機會用筆寫字，所以筆跡才會看起來像是小朋友寫的吧！」

我隨機應變回答熙珠的疑問。幸好我們是透過電話說話，熙珠看不到我因為被識破而僵硬的臉，而且很快就相信我了。

熙珠又把寫在另外一張信紙上的作戰計劃一一說給我聽。

「多智，你把這些作戰計劃都記起來了嗎？」

「沒問題，我都寫下來了。」

其實這些作戰計劃都是我想的，我早就牢記在心了。

「太好了，有了紅衣超人的幫助，你一定很快就能恢復原狀。」

下課時間，熙珠到辦公室找老師。

「老師，現在的金多智是假的，真的金多智正躲在安全的地方。」

老師一臉莫名其妙的看著熙珠，完全不相信她

說的話。熙珠只好把紅衣超人寫的信拿給老師看，但老師還是半信半疑。

「我說的是真的！老師為什麼不相信我？」

苦惱的熙珠於是建議老師，在上課時間做個實驗，她就會知道現在的金多智是假的。看到熙珠說得那麼認真，老師只好答應她的請求。

上課時間一到，老師就和大家討論上個月課外教學活動的事，首先請了幾位同學分享自己的心得，接著就點名假金多智回答。

「你還記得我們去動物園參觀的時候，餵了什麼東西給大象吃嗎？」

假金多智沒有發現這就是熙珠向老師提議進行的「實驗」，不假思索的回答。

「應該是餅乾吧！我記得大象叔叔很高興，伸出長長的鼻子把餅乾捲起來吃掉。」

班上同學都露出疑惑的表情，老師更是驚訝到說不出話來。

熙珠見機不可失，趕緊跳出來助攻，希望老師因此更相信她說的話。

「多智，我記得你因為吃太多冰淇淋而肚子痛，來不及去廁所，還拉在褲子上呢！」

「沒錯，因為冰淇淋實在太好吃，所以……」

　　同學們聽到後更困惑了。「老師，我們什麼時候去動物園參觀了？」

　　「對不起，老師忘記跟大家說了，那次我只有帶多智和熙珠去啦！」

　　當然，老師根本沒有帶他們去過動物園，熙珠說的話也只是為了讓老師知道假金多智是在說謊。

　　透過這個實驗，老師終於相信現在的金多智是假的，於是決定依照紅衣超人信上寫的內容，在參觀珠寶展覽會的時候和熙珠一起執行作戰計劃。

熙珠告訴我這件事後，我用力拍手，稱讚她做得好，不愧是我們祕密小隊的成員。

　　老師這關搞定了，接下來就看警察叔叔和科學調查隊長會不會協助我們了。

　　經由DNA的鑑定結果，警察叔叔和科學調查隊長已經開始懷疑假金多智和李金道之間的關係了。但是這樣還不夠，我在這次寫給他們的信上又強調了一次，希望他們能用我們提供的虹膜資料進行比對，這樣就能證明假金多智和李金道其實是同一個人。

　　由於李金道能用項鍊上的小石頭使出超能力，所以我在信上還特別提醒了警察叔叔和科學調查隊長，希望他們做好防範工作，避免李金道變身成其他人。

　　星期六上午，新聞節目播出了一段關於珠寶展覽會的報導。根據記者所說，場內將首次展示世界最大的鑽石，專家把它取名為「恐龍的眼淚」，大小和嬰兒的拳頭一樣大，可以說是非常大的鑽石，估計市價達到10兆元。

　　警察叔叔是這場珠寶展覽會的保全負責人，因

此特別接受記者的訪問。

「銀行搶匪李金道遲遲沒有落網，如果他跑來行搶，警方該怎麼辦呢？」

「別擔心，如果李金道敢來偷鑽石，就等著被我們抓住吧！警方已經在展覽會場布下天羅地網，如果他敢來，我們會立刻啟動超大捕鼠夾，這麼一來就能輕輕鬆鬆抓到李金道這隻狡猾的小老鼠了！哈哈哈！」

我猜警察叔叔這番話是故意要激怒假金多智，即使他原本沒有打算偷那顆鑽石，現在也被警察叔

叔氣到跳起來，準備出手了吧！

星期六下午三點，珠寶展覽會的停車場開進了一輛小型巴士，老師和我們班上的同學依序下車，每個人的臉上都寫滿了期待。

我偽裝成負責展覽會場清潔工作的員工，一邊哼歌，一邊打掃，看起來很悠哉，其實我的內心非常緊張。

為了這次的作戰，我想了好幾個計劃，第一個計劃就是在假金多智進入珠寶展覽會場前執行，於是我全神貫注的盯著入口處。

老師和班上同學走到珠寶展覽會的入口，假金多智也在隊伍裡。入口處有許多安檢人員，有人用機器檢查參觀者的身上是否有違禁品，有人則在櫃檯檢查參觀者的隨身物品。

我很快就認出這些負責安檢的人員其實都是科學調查隊的隊員假扮的，我還發現那位菜鳥隊員也是其中一位。

老師和同學們一一通過檢查，輪到假金多智受檢時，機器突然發出嗶嗶的聲音。

「可能是你的項鍊中有金屬成分，機器檢測到才會發出聲音。同學，請你把項鍊拿下來，我們幫你保管吧！」菜鳥隊員微笑著對假金多智說。

吳金順員警、科學調查隊長：

　　你們好，我是紅衣超人。這次作戰計劃的第一個目標是假金多智身上的項鍊，特別是鑲在項鍊上的小石頭。少了那顆小石頭，假金多智就會變回李金道了。

　　雖然警察一湧而上搶走那條項鍊也不是不行，但是假金多智具有特殊能力，恐怕很難用人海戰術抓住他。因此我準備了好幾個計劃，具體作法是……

　　「不行，這條項鍊比我的生命還重要，如果一定要拿下來，我就不進去參觀了。」

　　假金多智的態度非常堅決，萬一他真的不進入展覽會場，那麼所有的計劃都會泡湯，菜鳥隊員只好退讓，找了個理由就答應讓假金多智入場。

　　唉！第一個計劃失敗了！

　　一直偷偷在旁邊觀察的熙珠，小聲的對身旁的老師說：「老師，看來要由我們出馬了。」

　　老師對熙珠點點頭，接著走向假金多智。「多智，你那條項鍊好漂亮，可以借老師戴一下嗎？」

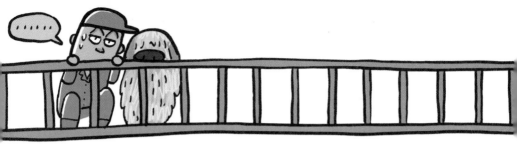

　　我以為假金多智為了裝成乖孩子，應該不會拒絕老師的要求，沒想到——

　　「不行。」

　　假金多智二話不說的拒絕了。

　　「為什麼？戴一下就好！」

　　「多智，這個要求又不過分，你為什麼拒絕老師呢？」

　　老師沒有因此放棄，熙珠也在旁邊幫腔，但是假金多智的態度依然強硬。

　　「我說不行就是不行。」

　　假金多智為了擺脫老師和熙珠的糾纏，快步通過了安檢處。老師和熙珠你看我、我看你，只好摸摸鼻子放棄，走回班上同學所在的地方。

　　計劃又失敗了！還好我有準備第三個計劃！

　　我在二樓一邊假裝打

哼！

作戰失敗2

作戰失敗1

假金多智真是太難纏了。

掃，一邊觀察展覽會場內的情況。我發現假金多智正走向手扶梯，準備上來二樓，也就是展示「恐龍的眼淚」的地方。

看到這個情況，我的手突然因為緊張而一直冒汗。萬一假金多智真的把鑽石偷走，那該怎麼辦？這樣不僅我無法恢復原狀，負責保全工作的警察叔叔也會遭到處分。

我搖搖頭，告訴自己要冷靜，我就是為了避免這個情形發生，才擬定了一個又一個的作戰計劃。

「爺爺，就是現在。」

我透過爺爺特製的迷你麥克風發出指令，沒多久，爺爺就穿著一身小丑的服裝出現在手扶梯附近。

「是小丑耶！」

一樓的人紛紛往爺爺所在的地方聚集，假金多智也因此被人潮擋住去路，無法從手扶梯走上二樓。

爺爺年輕時曾經當過魔術師，他先使出一個硬幣突然消失的魔術，又表演了把花朵變成火焰的魔術，讓在場的大人、小孩都看得目不轉睛。

爺爺走到假金多智身旁，把從口袋裡拿出來的彩帶掛在假金多智左邊的耳朵上，卻從他右邊的耳朵上把彩帶拿下來。

「這是怎麼辦到的？」

假金多智露出驚訝的表情，眼見時機成熟，爺爺用極快的速度將手伸向假金多智的脖子。

「項鍊借我一下。」

不過假金多智立刻用手緊緊抓住項鍊，不讓爺爺拿走。

如果對那條項鍊太執著，會讓假金多智起疑心，於是爺爺收回手，勉強擠出笑容，假裝遺憾的開口。

「我只是想用那條項鍊表演魔術，可惜這位小朋友不方便配合。」

爺爺又表演了幾個魔術後，就向大家揮手說再見，接著離開了現場。

假金多智的警戒心真的很強，三個計劃都失敗了，看來只能寄望警察叔叔和科學調查隊長執行的第四個計劃了。

珠寶展覽會才剛開始，大部分的人都還在看一樓的展覽品，因此二樓的人不多。我仔細一看，才發現二樓有很多人都是我之前在偵察被搶銀行現場時看過的警察，看來是警察們都變裝了，埋伏在二樓各個角落，隨時準備出擊。

假金多智搭乘手扶梯來到二樓，正準備走向「恐龍的眼淚」時——

「撲上去！」

警察叔叔一聲令下，所有警察立刻撲向假金多智，但是他卻不見了。

「人呢？跑去哪裡了？」

警察們東張西望，無法相信人就這樣憑空消失。而警察叔叔在我的提醒之下，早就知道假金多智可能會使用特殊能力，於是冷靜的尋找蛛絲馬跡，然後他發現柔軟的地毯上出現了一些不是很明顯的腳印。

「他往那裡走了！」

但是展覽會場內不是每個地方都有鋪地毯，追蹤腳印的方法很快就失效，找不到假金多智的蹤跡，讓警察叔叔生氣的跺腳。

「封鎖所有出入口！」

一旁的科學調查隊長立刻按下手中的遙控器，展覽會場的所有出入口頓時關閉，警察們也全副武裝，嚴陣以待。

這時候，展覽會場的燈光突然全部熄滅了，大家在伸手不見五指的黑暗中不知所措。

「快去開燈！保護鑽石！」警察叔叔大聲的下達命令。

班上同學因為害怕放聲大哭，儘管老師拼命安

慰大家，不過老師的聲音其實也在發抖。

忽然間，有個警察透過手機的燈光發現大事不妙。「鑽石不見了！」

「冷靜！犯人還在會場裡！」

警察叔叔一個頭兩個大，但仍努力避免最壞的情況，也就是鑽石被偷、假金多智也逃跑的狀況發生。

黑漆漆的會場讓我愣了一會兒，幸好我早就做好充足的準備，於是對著迷你麥克風，發出最後的指令。

「爺爺、熙珠，最後一個計劃開始了！」

還好哈利很乖巧，不亂跑也不亂叫，加上牠長得像抹布，所以我把牠帶進展覽會場時也沒人發現。我把綁在哈利身上的繩子解開，牠像是等待已久的戰士，立刻跑向「恐龍的眼淚」附近。

汪汪！汪汪！

「就是那裡！」

爺爺和熙珠跑到哈利發出叫聲的地方，並丟出事先準備好的水袋。水袋裡裝的不是水，而是會發出螢光色的特殊藥劑。

第一次在公園裡抓住李金道的時候，我就知道他具有隱形的超能力，因此在擬定這次作戰計劃的

時候，我就特別請爺爺研發了這個道具。只要把水袋丟向假金多智，裡面的藥劑就會灑到他身上，這樣一來，即使假金多智會隱形，也逃不出我們的手掌心。

沒多久，黑暗中慢慢浮現一個螢光色的人影，看來哈利、爺爺和熙珠的聯合攻擊成功了。

「李金道出現了！」

儘管我們還沒拿走項鍊上的小石頭，但假金多智的超能力大概是被嚇到而解除了，這時候他已經恢復成李金道的樣子，身上沾滿了又黏又滑的螢光色藥劑，連眼睛都睜不開。

大批警察立刻團團包圍李金道，但是他項鍊上的小石頭卻在這時突然發出光芒。

　　「好刺眼！」

　　由於大家一直待在黑暗中，使這道光芒顯得更刺眼，讓每個人都睜不開眼睛。

　　我閉著眼睛，想起我當初也是在家裡閃過一道光芒後，就和李金道交換了外表，難道他現在也打算如法炮製，要和其他人交換外表嗎？

　　好不容易才把他逼到這個地步，現在要前功盡棄了嗎？

　　「不行！」我不甘心的怒吼。

　　就在這個時候——

　　汪汪！

　　身上長長的毛遮住了眼睛，加上靈敏的嗅覺能力，讓哈利沒有受到黑暗和光芒的影響，牠似乎找到了李金道在哪裡。

　　隨著哈利的叫聲，光芒消失了，展覽會場中的電燈也被人打開了。

　　一時之間，不管是熙珠、爺爺、警察叔叔或科學調查隊長，還有現場的參觀群眾，大家都張大了嘴巴——原來是因為他們看到擁有狗臉的李金道身體，和擁有李金道臉的狗身體！

而不知情的民眾看著這兩個稀奇古怪的半人半狗，以為是展覽會特地安排的魔術表演，忍不住捧腹大笑。

　　看來是李金道準備使用超能力的時候，哈利把那顆小石頭咬走並吞進肚子裡，才會出現這個奇特的景象。

　　「這是人還是狗？」

　　「哪個才是李金道？到底要逮捕誰才對？」

　　機靈的熙珠從包包裡拿出爺爺特製的相機，拍下照片並看了一會兒螢幕，便擺出帥氣的姿勢大喊著。

　　「那個狗臉人身的人，才是真正的李金道！」

　　警察立刻如潮水般湧上，抓住那個擁有狗臉的李金道身體，並從他身上找回了「恐龍的眼淚」。

　　熙珠滿意的點點頭，接著像突然想起什麼似的，轉頭詢問爺爺：「對了，多智呢？他恢復原狀了嗎？」

　　目睹一切的我，這時候正站在二樓的角落，默默擦著眼淚。

　　在假金多智的超能力解除，恢復成李金道的時候，我也恢復成原本的模樣，真正的金多智終於回來了！

　熙珠和爺爺發現我恢復原狀後，還來不及說什麼，班上同學就發現我並且朝我走來。

　「金多智，我剛才一直沒看到你，你跑去哪裡了？」

　「你沒看到真是太可惜了，那裡有兩個半人半狗的怪物耶！」

　同學們七嘴八舌的跟我說著剛剛發生的事，這種熟悉的感覺讓我感動得差點流下眼淚。

　「對了，你為什麼穿著清潔人員的衣服？」

　「我很害怕，所以跑去洗手間躲起來。剛好在

那裡看到這套清潔人員的衣服，我就趕快穿上，這樣犯人逃跑時就不會把我當成人質了。」

我隨口說了一個無厘頭的藉口，同學們聽到後都哈哈大笑。

「你看太多卡通和電影了吧！不愧是『金無智』啊！」

雖然大家不斷喊著「金無智」這個綽號，但我覺得非常高興，曾經那麼不喜歡的綽號，現在聽起來卻格外悅耳。

那天晚上，我假裝什麼事都沒有發生過，回到了思念已久的家。才剛走進家門，我就聞到媽媽煮

這才是多智的味道嘛！

的菜的味道，也聽到爸爸和姐姐講話的聲音。

　　媽媽看到我就放下鍋鏟，熱情的抱住我，還聞我的頭頂。「這就是多智的味道！」

　　看到姐姐朝我走來，我搶先一步對她說：「我那天說錯了，我是O型啦！」

　　姐姐立刻停下腳步。「這種事也能說錯，你嚇死我了！」

　　雖然嘴上說著氣話，不過我能看到姐姐是笑著說的。

　　吃飯時，爸爸看到我用右手撈起湯裡的小黃瓜後放到旁邊，也放心的點了點頭。

　　晚上的新聞節目就報導了李金道被逮捕的消息。警察已經根據他說的話，找到了各家銀行被偷走的錢，不過計算後發現少了1000元，但李金道卻打死都不說那1000元的下落。

　　我猜，那1000元是被李金道拿來買送給我媽媽的生日禮物吧！

　　聽到李金道被逮捕的消息，聽說總統比自己當選時還高興，便祕、掉髮等健康問題都不藥而癒了，讓我也很高興。

　　星期一放學後，我剛走出學校就發現校門旁停了一輛警車，警察叔叔站在旁邊並對我揮手。

「李金道拜託我把這封信交給你。對了，多智，你知道紅衣超人是誰嗎？」

我接過信，對警察叔叔的問題則是搖搖頭。「不知道。」

「我想也是。李金道竟然說你就是紅衣超人，真是莫名其妙。」

「你相信他說的話嗎？」

「當然不信囉！」

看來警察叔叔的個性並沒有因為這次的奇妙事件而有所改變，他還是認為有些事就是理所當然的，不像我這樣充滿好奇心。

向警察叔叔說再見後，我到了莫古爺爺的研究所，把李金道寫給我的信拿出來讀。

金多智小朋友：

　　從小，我就覺得我的心裡住著一隻怪物，只要我感到孤獨，牠就會用尖尖的爪子和牙齒攻擊我，讓我喘不過氣來。為了改善這個狀

況，我買了很多餅乾和糖果請同學吃，希望他們和我做朋友，結果大家真的變得對我比較好，讓我非常高興。可是我的零用錢有限，當我再也拿不出錢買東西請大家吃的時候，同學們又遠離我了。

　　這個狀況讓我很焦急，擔心怪物又要攻擊我了，於是我偷錢來買餅乾和糖果請大家吃，甚至為了讓同學們更喜歡我，從零食、文具到玩具，甚至是衣服和鞋子，只要同學們有想要的東西，我就會不擇手段的幫他們達成心願。

　　長大後我才知道，那隻怪物是我因為太害怕孤獨，幫自己想像出來的藉口，但是為時已晚。即使我知道這樣做是不對的，可是我已經戒不掉透過錢和東西讓別人喜歡我的習慣了。

　　有一天，當我闖進一間屋子偷東西時，我發現裡面有很多和天文、科學等知識有關的東西，我猜屋子的主人可能是從事和這方面有關的工作。這時候，放在櫃子上的一顆小石頭引起了我的注意，我把它拿走並鑲在項鍊上，接著在偶然的情況下，

呼呼！

我發現這顆小石頭擁有神奇的力量，讓我可以穿過牆壁、隱藏身形、暫停時間……我很高興，這代表我以後做壞事都不會被發現了，所以我做的事越來越離譜，最後犯下了銀行搶案。

　　即使如此，我還是可以感覺到，心裡那隻怪物仍然虎視眈眈的隨時準備攻擊我。這時候我發現了你的存在，你和我一樣擁有超能力，卻有爸爸、媽媽、姐姐、老師和同學們在身邊，讓我好羨慕，因此我才想到和你交換身體的計劃。也許因為這份幸福是虛假的，是犧牲了你換來的，所以我還是無法停止做壞事，最後終於得到報應了。

　　多智，謝謝你，我會學著對抗心裡的那隻怪物，是你讓我停止做壞事，你才是我心目中真正的英雄！

李金道

嘻嘻！

　　我把信折好，收進口袋裡。也許改天我可以去監獄探望李金道，看看他有沒有改過向善。希望李金道可以遇到像長髮叔叔和光頭叔叔一樣好的獄友，也許這樣他就不會感到孤獨了。

　　對了，那天把李金道的小石頭吞下肚子後，哈利怎麼樣了呢？

　　超能力解除後，李金道和哈利恢復成原本的樣子。之後李金道被警察逮捕，哈利則跟著爺爺一起回到研究所，這時候爺爺才發現哈利擁有了超能力。

　　變成一隻具有超能力的小狗後，哈利竟然可以在天花板上走路，有時候還會停下來尿尿，害爺爺

哈利又在天花板上尿尿了！

經常被牠噴得全身是尿。還好後來小石頭和哈利的大便一起排出來了，哈利恢復正常，爺爺也因此解脫了。

為了避免再有人用這顆小石頭去做壞事，我戴上口罩和手套，深吸一口氣後，用手從哈利的大便中把小石頭拿出來，用肥皂洗了好幾次，確定乾淨也沒有異味後，才把它拿回家。

我把小石頭、小隕石和紅衣超人裝一起放在衣櫃裡最隱密的地方，希望它們不會再有被我用到的一天，因為這樣就代表世界永遠和平了。

超能金小弟 完

我要和熙珠還有哈利一起去玩囉！

我的小筆記

國家圖書館出版品預行編目（CIP）資料

超能金小弟 5 DNA 追緝令 / 徐志源作；李眞我
繪；翁培元譯. -- 初版. -- 新北市：大眾國際書局，
西元2022.4
152面；15x21公分 . -- (魔法學園；7)
ISBN 978-986-0761-37-5 (平裝)

307.9   111002613

魔法學園 CHH007

超能金小弟 5 DNA 追緝令

作 者	徐志源
繪 者	李眞我
監 修	智者菁英教育研究所
審 訂	羅文杰
譯 者	翁培元

總 編 輯	楊欣倫
執 行 編 輯	徐淑惠
封 面 設 計	張雅慧
排 版 公 司	菩薩蠻數位文化有限公司
行 銷 統 籌	楊毓群
行 銷 企 劃	蔡雯嘉

出 版 發 行	大眾國際書局股份有限公司 大邑文化
地 址	22069新北市板橋區三民路二段37號16樓之1
電 話	02-2961-5808（代表號）
傳 真	02-2961-6488
信 箱	service@popularworld.com
大邑文化FB粉絲團	http://www.facebook.com/polispresstw

總 經 銷	聯合發行股份有限公司
	電話 02-2917-8022 傳真 02-2915-7212

法 律 顧 問	葉繼升律師
初 版 一 刷	西元2022年4月
定 價	新臺幣250元
I S B N	978-986-0761-37-5